營造自家獨有的簡約生活風格

無印良品
空間規劃哲學

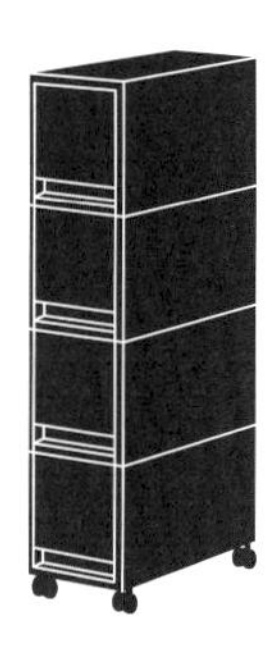

整理收納顧問　須原浩子

瑞昇文化

前言

拜訪那些收納達人時，說來真不好意思，我還請他們拉開抽屜讓我看看。

每位受訪者家裡的格局、家族成員、居住地區都截然不同。

不管東西多的人還是東西少的人，視整理為要務的人和不這麼想的人，

其實都有一套收納和布置的智慧和巧思。

打造一間能輕輕鬆鬆整理好的房間，就可以創造舒適愜意的生活。

我認為，一個人對生活的愛，會表現在住家和房間上。

而住家和房間也跟人一樣，擁有屬於自己的特色。

不過日子一天一天過，工作、生活、家庭、還有自己都會產生變化。
因此生活上也漸漸多了令人煩心、困擾的小事。
要時時維持在完美狀態絕非易事。
但還是有人找出了「最適合」目前生活的房間樣貌，
他們的房間看起來清爽而閃閃動人。
而在那些房裡，我們看見了無印良品。

一個不注意就越過越複雜的生活，該怎麼樣才能好好整頓一番呢？
有時候，道具會成為你的一大助力。
本書將帶各位讀者一覽形形色色的住家和點子，以及那些環境和想法所創造的生活。

要怎麼樣讓家人幫忙整理？
讓家事做起來更輕鬆的訣竅是什麼？
不會弄亂的房間是什麼樣子？
要怎麼創造寬敞的生活空間？
要怎麼和物品相處？

關於這些疑問，相信您可以在本書中獲得非常非常多的啟發。

須原浩子

目次

照片／青木章 大木慎太郎（fort）
裝幀設計／繩田智子 若山美樹（L'espace）
協助／茂木宏美 山田やすよ
排版／片寄雄太（And-Fabfactory Co., Ltd.）
天龍社
印刷廠／シナノ書籍印刷株式會社

協助／良品計畫、RoomClip

閱讀本書前，請詳閱以下事項：

本書收錄的各項內容為截至2017年5月的資訊（日本）。
商品價格、規格等部分可能有所變更。
關於無印良品的商品資訊，請上無印良品網路門市（http://www.muji.net/）確認。

所列出的商品價格皆已包含消費稅。
沒有標示價格的私人物品，部分也已經絕版。
欲實行本書中提及的方法時，請審慎考慮自家建築物的構造、性質，仔細確認商品的使用注意事項並自行承擔施作後果。

關於上述表記事項，還請各位讀者多多包涵。

※本書中出現的日本商品，可能會有台灣沒進口，或是停止販售的情況。

生活達人的
房間布置法則。

我們拜訪簡單過生活的3位達人，
向他們請益如何打造出舒適又整潔的房間。
3位達人的住家和生活方式各有異同。
使用無印良品，用心打造心靈豐饒生活。

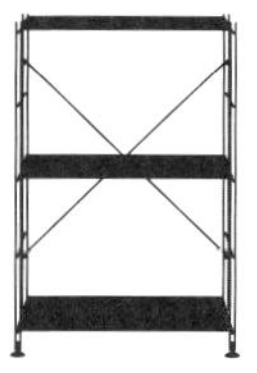

山口勢子女士的房間布置法則

山口勢子女士
住在滿懷自然風光的大分縣，
精挑細選生活用品
用心打造輕鬆自在的生活。
在令人感覺清閒的房間裡，
減少東西的數量，
過著心靈富饒的生活。
處處充滿潔淨清澈的透明感。

「我想我在家庭裡扮演的角色，
就是建立一套讓家人不會困擾的生活方式。
如果打掃和整理輕輕鬆鬆的，心情也會好起來。」

山口勢子
1977年生。經營部落格「少ない物ですっきり暮らす」。24歲結婚，工作同時也創作漫畫，30歲時以漫畫家身分出道，目前則為了全心全力支持孩子而成為家庭主婦。現在和先生、兒子、女兒、公婆同居一個屋簷下。

rule 1 「我喜歡一些能凸顯出『使用物品』、看的見內容物的收納用品。」

據說山口女士會開始實行簡潔收納方式和「減物」生活，是因為和家人生活過程中，感受到家裡亂七八糟、老是找不到東西在哪裡有多不方便。山口家中處處可見她的用心，就像仔細修補「不便」的破洞一樣。她開朗地說：「當家人問我東西在哪裡，我就會做一些調整，慢慢讓他們不用再翻來翻去。如果家裡亂糟糟的，大家彼此之間有些摩擦，那多不珍惜相處的時光啊（笑）。」從山口女士的笑容裡，我們感受到她非常注重如何讓先生以及所有家人過上更舒適生活的心意。

許多看得見內容物的收納用品也是她用心良苦的結晶。「能凸顯使用物品的透明、半透明收納用品不僅讓東西一目瞭然，看起來也很乾淨。」放在透明收納用品裡面的各種道具，看起來就像標本一樣散發出動人的光輝。

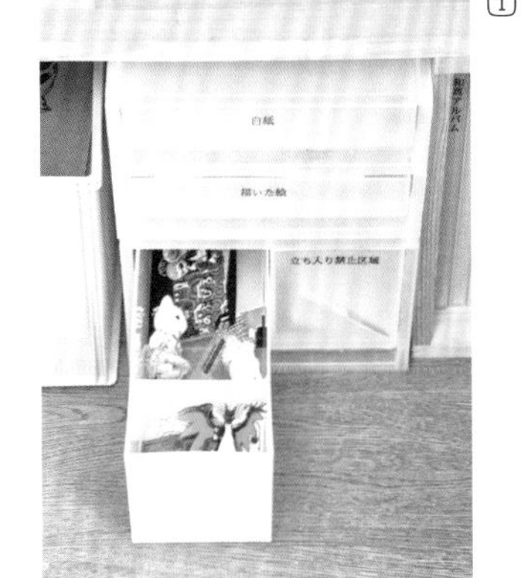

①書也用透明的「壓克力間隔板／3間隔」分隔開來。搭配「PP盒／抽屜式」系列商品，東西看起來會有一種朦朧感，靠直覺就能進行整理。②家裡所有人都會用到的東西就放進透明的壓克力收納盒，這麼一來大家都知道想要用的東西放在哪裡。

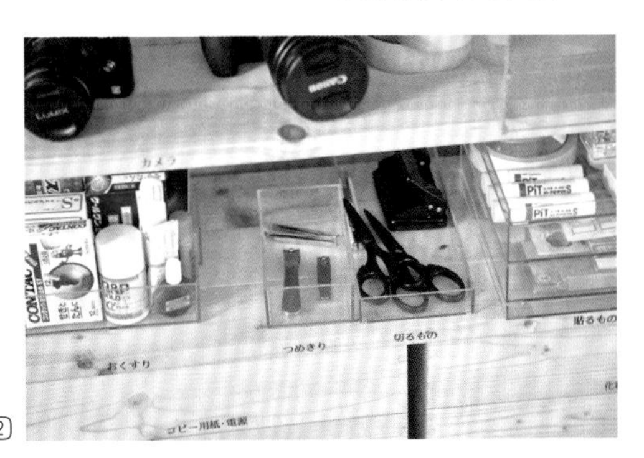

①

①餐具因為常常用到，所以放進開放式的櫥櫃，既不擔心積灰塵，也方便其他家人收納。
②爐具下方的架子用「壓克力面紙盒」收放廚房紙巾。

②

rule

2 「馬上拿得到、馬上做得到、馬上可以整理。盡可能利用開放式收納，就是讓房間整整齊齊的訣竅。」

令人意想不到的是，井然有序的廚房裡幾乎都是開放式收納。山口女士說：「不需要打開櫃子，就可以馬上取出餐具。收拾的時候只要放回原本的位置就好。由於動作也少，準備跟收拾的時候都輕鬆多了。」因為東西不多，基本上只要常常用濕抹布擦拭清理就好，不需要進行大掃除。打掃用具和購物袋這些常用的東西就用掛的，不要放在架上和地上，這麼一來不僅方便取用，打掃起來也省了很多步驟。廚房是每天都會使用的地方，最重要的就是「能立刻開始」料理和清理。即便東西只是擺著也要維持整潔，這項原則不能打破。

①把錫箔紙改放進「保鮮膜用盒」，看起來清晰可辨。②使用「保鮮膜用盒／附磁鐵」，冰箱旁也可以用來收納。③垃圾分類用「PP上蓋可選式垃圾桶／大」。④常用的東西放在「木製方形托盤」上。⑤購物籃就暫時放在「無垢材板凳／橡木／小」上。⑥如果是吊掛式收納，就交給「壁掛家具」系列。任何喜歡的地方都能搖身一變成收納空間。

①

②

③

④

⑤

⑥

rule

3「東西基本上就是要一目瞭然，貼上標籤，所有家人都能輕鬆取用。」

不鏽鋼收納籃非常便於用來分類衛浴間裡的待洗衣物。山口女士給我們看她畫上可愛插圖的特製卡片，告訴我們：「我在籃子外掛上畫了插圖的卡片，讓大家一看就知道衣服要丟哪裡。」網格收納籃可以讓人清楚看見內容物，一眼就知道什麼東西該放哪個籃子。這種作法既不需要多餘的言語，而且趣味橫生。

家人的衛生衣物就放進半透明的抽屜式收納用品。每個人使用不同格，抽屜外清楚貼上主人和內容物的標籤。這麼一來，大家就可以自由使用自己的收納空間。由於收納方式非常簡單，只是直直排成一列，洗完澡出來可以順手拿出內衣褲，衣服洗好後收起來也很輕鬆。童趣十足的手作卡片出現家裡各個角落，裡面都灌注了山口女士滿滿珍惜家人的心意。

②

①

①衛浴間裡選用通風良好的「不鏽鋼收納籃」，十分方便。②大家的內衣褲則用「PP附輪收納箱／4層」，每一格都收納不同人的衣物。③各種吹整梳洗的小東西則統一放在「棉麻聚酯收納箱／長方形／小」裡面。

③

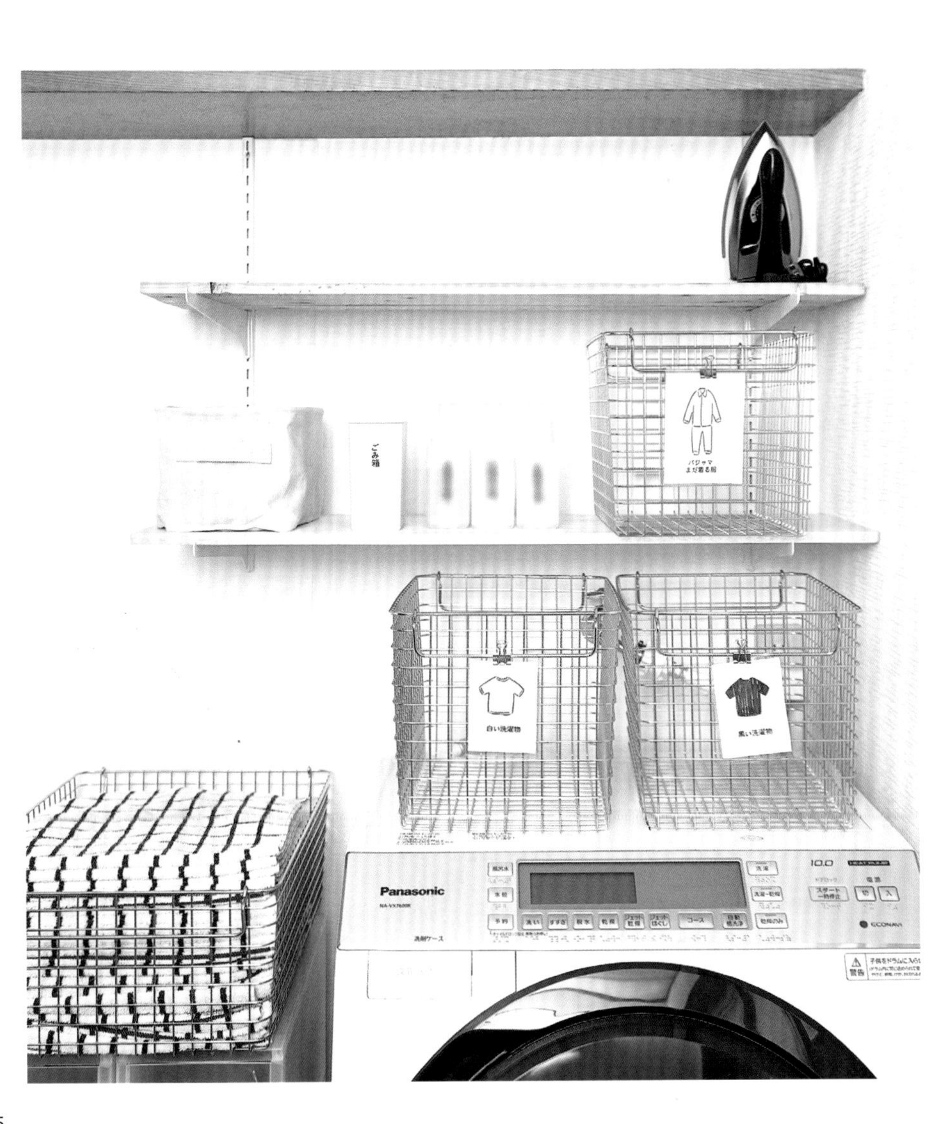
ごみ箱
パジャマ
まだ着る服
白い洗濯物
黒い洗濯物
Panasonic

尾崎友吏子女士的房間布置法則

尾崎女士住在大阪府
極簡風格的住家，三房兩廳的格局。
育有3子之外，
還有工作在身，
家裡大小事又得每天處理，
所以她運用了智慧
創造輕鬆搞定家事、過得快樂又細膩的生活。

「就算每天都忙得不可開交，也可以輕鬆簡單又細膩地做好家事。
重要的是，所有家人都能分工合作。」

尾崎友吏子
1970年生。出生於神奈川縣。現居於大阪府。當了20年主婦，育兒資歷17年。職業婦女、3名孩子的母親。2012年開始經營知名部落格「cozy-nest 小さく整う暮らし（http://www.cozy-nest.net）」。也撰寫、出版書籍。

rule

1 「貫徹拿出來的東西一定要放回去的原則。多花點心思讓收拾變得更輕鬆。」

「孩子有上補習班的那天，我得做上4次晚飯。」尾崎女士的3位兒子恰好處於食量驚人的年紀，而對有工作在身、還得扶養三個孩子的她來說，要把每天的生活過得多采多姿，最重要的是「做事順序」。尾崎女士的母親也是一位職業婦女，而她從小就吃母親親手做的料理長大，使得她對於吃有一套準則：吃得健康、吃得安全、而且吃得好。

由於廚房是日常生活的核心，尾崎女士貫徹「東西拿出來就要放回去」的原則，對於打造方便收拾的收納方式也不遺餘力。常溫下保存的蔬菜、調味料就放在椰纖編的籃子裡，好拿又好放。此外，架上也不要塞太多不必要的東西，如果有高低分層的部分則用壓克力隔板區分開來做整理。這些細心的規劃讓她可以輕輕鬆鬆「東西拿出來就要放回去」。

①

①餐具用「木製置物盒」做分類，看起來既不雜亂，拿取時也很方便。②③小型垃圾分類和常常拿來拿去的蔬菜、調味料則放入「可堆疊椰纖編長方形盒」。由於取用頻率高，要放在視線一掃就看得到的位置才方便拿。

④盤子如果疊太多會很難拿，這時可以用「壓克力隔板」區分出各自的專屬空間。⑤構思菜色時會用到的食譜則用「PP 2 WAY明信片相本／2段／136收納袋」整理，收進餐具櫃。

③

②

⑤

④

rule 2

「洗好的衣服不要摺，以吊掛方式收納。用孩子們也做得到的方法收納衣服。」

尾崎家有3個男孩子，要洗的衣服量十分可觀。所以她選擇將洗好的衣服直接掛起來，讓孩子可以各自選擇要換的衣服。「脫下來要洗的衣服就直接丟進洗衣袋，至於像沒有要馬上洗的睡衣就放進椰纖編的盒子。」尾崎女士說他們家是刻意不擺洗衣籃的。衣櫃也一樣，只有放一個籃子擺暫時脫下來的衣服。

其他像洗手台水槽下方，還放了個意想不到的東西，能讓家裡整理起來輕鬆不少。「帶進家裡的信件須要先分類過。裝廢紙的箱子比起放在玄關，放在離客廳近的換衣間會比較方便。」尾崎女士讓我們看了看箱子裡的東西。她不落窠臼，配合房屋格局和家人的生活習慣來調整收納整理的方式，既合理又簡練，實踐了非常細緻的生活型態。

③

①

PICK UP

②

①換衣服的小房間位於玄關和客廳之間，裡面有一只專門放信件和廢紙的箱子。這個地方最適合處理信件。②洗髮精等生活用品的儲備則放在「可堆疊椰纖編長方形盒」以便管理。③衣櫃也擺個椰纖編盒，放暫時脫下來的衣服。

rule 3

「我希望孩子們學會自己的事情自己做。所以收納時都會考慮到他們每天的行動。」

家人常待在一塊的客廳和飯廳的收納空間，就只有靠牆的一座檯子下方。為了不要增加太多不必要的東西，尾崎女士不僅盡可能縮減收納空間，並配合家人每天的行動，將每個物品放在最適當的固定位置。會在客廳使用的文具和文件放在檯子下方的架子上。兒子喜歡的圍棋棋墩和棋子比較笨重，所以就活用電視旁的小空間，剛剛好可以收進去。尾崎女士說「為了讓大家能在客廳和飯廳自在一點，東西都收在方便拿取的地方。」如她所說，寬敞的榻榻米地板上什麼也沒擺，檯子下方的收納空間已經十分充足。另一頭，可以放比較久的零食和罐頭則收在玄關旁櫃子裡的收納空間，要吃的時候才拿出來，可以保持廚房的整潔。房間有條不紊，是讓做家事和打掃變輕鬆的第一步。

②

①

①客廳伸手可及的位置擺放「木製置物盒」來收各種文具用品。②放儲備食品的位置就在玄關旁的櫃子上，買東西回來時都會經過。用「可堆疊椰纖編長方形盒」分類。③電視櫃旁的「可堆疊藤編長方形籃／小」裡頭則放DVD和遊戲片。

③

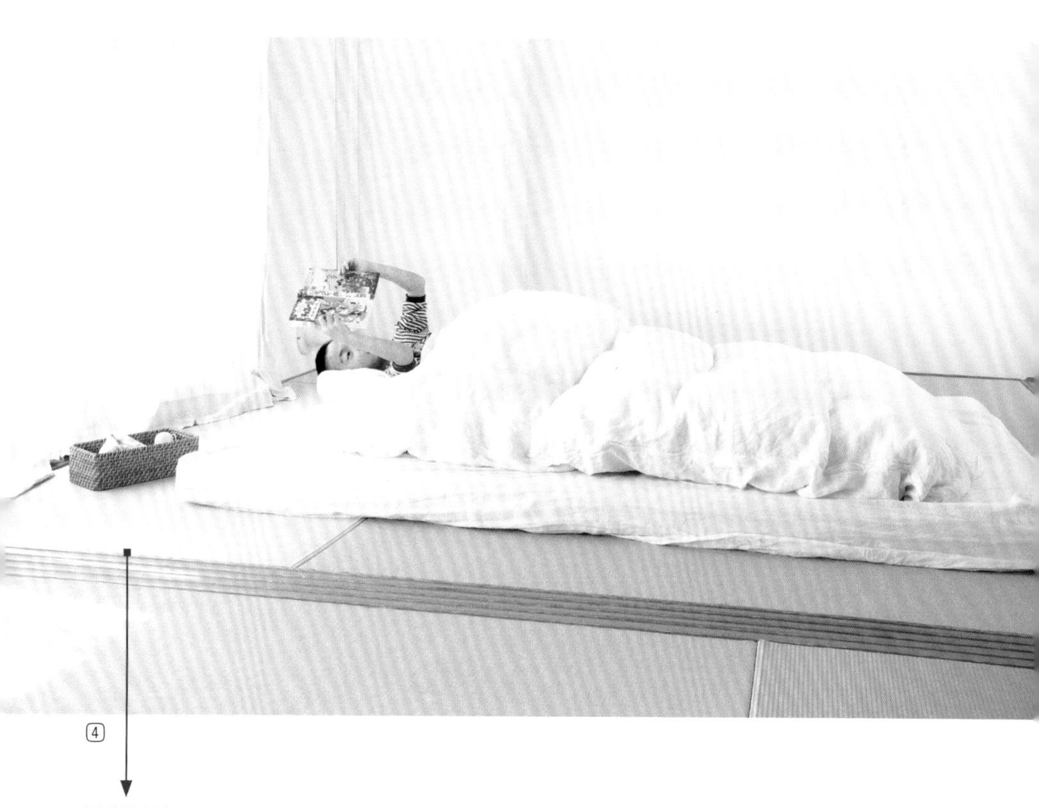

④

PICK UP

④床頭燈和眼鏡這些睡前會用到的東西，就和「可堆疊藤編面紙盒」裡的東西交換放。⑤占空間的玩具就收進「松木材附輪收納箱」。

⑤

mujikko女士的

房間布置法則

知名部落格主mujikko女士
可說是無印良品的頭號狂熱粉絲。
重視功能性的收納用具、舒適的室內裝潢、
能夠一家人放鬆的房間……
我們向mujikko女士請教了許許多多
將房間變成心目中理想模樣的訣竅。

「孩子會長大，
工作也會改變生活型態……
如果發現了這些變化，就要調整物品收納方式，
還有收納的地方。」

mujikko
經營部落格「良品生活」，分享使用無印良品各項商品的心得，大受歡迎。和先生、上小學的兒子、幼稚園的女兒一同居於熊本縣。整理收納顧問1級、整理收納諮商師、親子整理術講師2級。

rule 1 「我不想堆東西也不想積灰塵，所以盡量讓每件東西都能馬上收拾完畢。」

我們拜訪了經營知名部落格「良品生活」的mujikko女士。她告訴我們一件令人意外的事：「其實我超喜歡換布置的，因為我這個人對事情很快就會失去新鮮感。」嘗試過南洋風和20世紀中期現代（Mid-Century）風格，覺得不過度強調特色的無印良品商品和各種風貌的房間都合得來。

她特別喜愛壓克力和PP材質的收納用品。「設計簡單、需要的時候隨時能補充的特色給人一股安心感，而且還能用在各種地方，這些優點令我非常中意。」如她所說，廚房的櫥櫃中充滿各種無印良品的盒子，不僅能清楚看見裡頭裝的東西，仔細分類貼上標籤後，自然就會知道什麼東西在哪裡了。

壓克力和PP還有一個好處，就是清理和保養很輕鬆。只要稍微擦過、或是整個沖水洗一下，就可以保持廚房收納用品的清潔。

①

②

③

④

①喜歡的杯子用「壓克力CD收納盒（可堆疊）」保管。既不會積灰塵，也令人想在廚房做事的空檔時瞄個一眼。②茶具整組放進「PP整理盒3」，要泡茶時整盒端到桌上。③像義大利麵這種長條形的東西、數量很多的湯匙，就放進橫躺的「壓克力小物收納盒／3層」。④櫃子裡面的餐具和筷子就用「PP整理盒」分門別類，便於收拾。⑤筷枕和刀叉架這種擺桌時的器具事先裝進「壓克力眼鏡小物收納架」放在飯廳，飯前準備時就可以很快拿出來。

⑤

rule

2 「文件就算越來越多，也不要超過能收納的量。可以妥善管理、自己有辦法掌控的量就是最合適的量。

文件以及書籍、文具和小工具全都集中放在這座拉門櫃裡。每一層用資料夾和檔案盒做出整齊清楚的收納空間，看起來就像經過縝密計算的實驗室。mujikko女士說：「信件和文件只會越來越多、沒完沒了，所以我會限定自己最多不能超過檔案盒可以容納的量。」東西的數量依據不同收納用品的容量反覆調整，盡量不要胡亂增加東西。

特別常用的東西放在中間兩層。至於緊急時刻會用到的口罩和急救箱這些東西就放在能隨時拿出來的地方。有些偶爾需要拿出來看的產品使用說明書、比較大本的書就分上下兩層整理。「由於各種用品的大小都剛剛好，抽屜盒和檔案盒可以適度更換、調整位置。」小物類收納用「PP盒／抽屜式」系列商品統一管理的話，用著用著就可以找到最適合的存放方法。

①

④

②

③

①檔案盒裡要放文件以外的東西也OK。而且還很適合用來裝一些大小不同的膠帶。②包裝及裝箱時用到的封箱膠帶和美工刀用「PP化妝盒」系列商品堆疊收納，可以省下許多空間。③「PP盒／抽屜式／淺型／附隔板」可以自由調整隔板位置，能依據不同物品隔出最適合收納的大小。越小的東西越是要分清楚。④每一格收納不同文具。並用「PP化妝盒／棉棒、急救品」細分。

FREEDOM
ことばのえじてん

rule

3「配合孩子們的成長以及生活變化。物品的位置和收納方式都因人制宜。」

如學校置物櫃般的組合櫃裡，孩子的東西收得井井有條。其實mujikko女士在兒子升上小學時加設了一張書桌，雖然有規劃一處專門放教科書的地方，不過講義卻時常出現亂丟、或是不見的情況。

她吸取這些教訓，現在為了能和孩子一起整理，決定在客廳旁邊擺一個籃子來專門放講義。佔位子的講義放進「不鏽鋼收納籃」並用「壓克力間隔板」區隔空間做整理，親子可以一同拿出來看，十分方便。mujikko女士告訴我們：「開始覺得不方便、還有人生進入新的階段的時候，就要重新審視一下收納的地方。」當孩子長大、夫妻工作狀況改變時，配合生活型態靈活改變收納方式，就是能輕鬆維持房間整齊的秘訣。

①

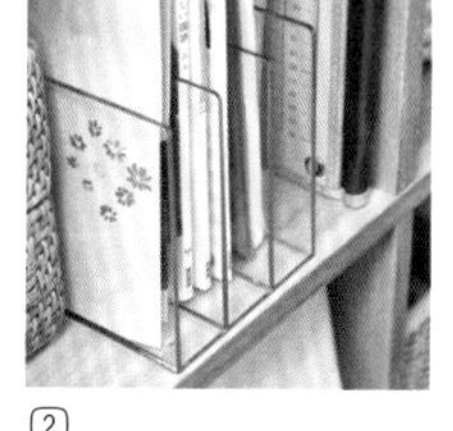

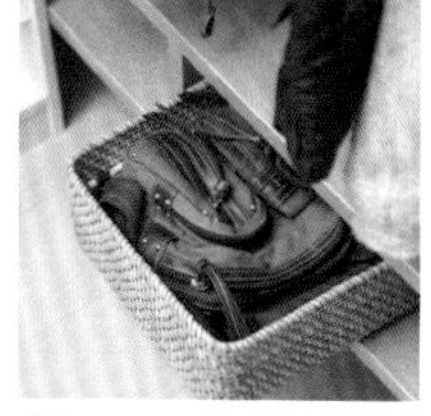

④

⑤

①早上，孩子要準備的手帕和襪子放進「可堆疊椰纖編長方形盒」系列商品。②用「壓克力間隔板」來整理教科書。③「不鏽鋼收納籃」就拿來暫時放講義和帽子等東西。④包包和衣服放在同一櫃，早上準備時會輕鬆許多。⑤回家一定會經過的走道則裝設「壁掛家具」來掛包包。

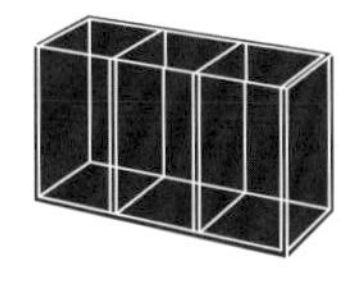

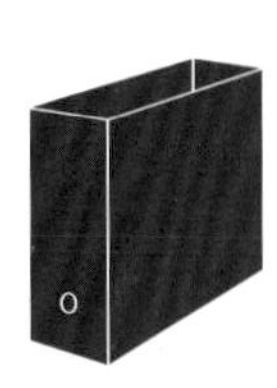

民間好手布置房間的好點子。

就是喜歡無印良品。
為了打造出整潔清爽、舒適自在的房間，
本章將介紹許多民間收納好手珍藏的方法及實例。
相信一定能為各位讀者帶來靈感，幫助您打造屬於自己的生活和房間。

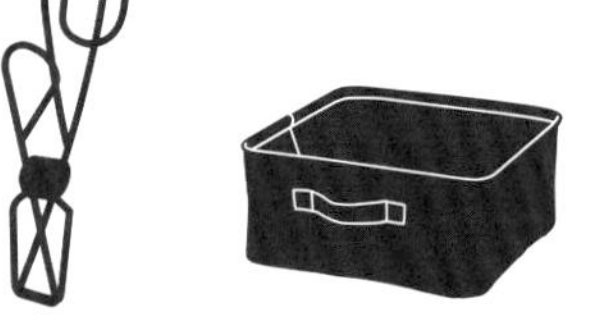

和孩子及愛犬一起過生活，也能整理得乾乾淨淨。

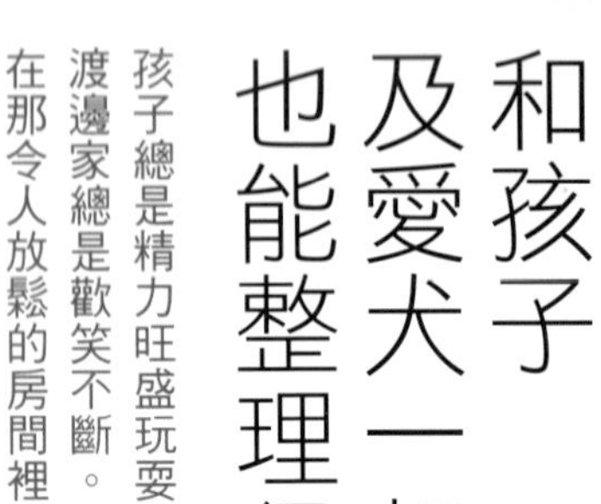

孩子總是精力旺盛玩耍、狗狗也隨心所欲走來走去。渡邊家總是歡笑不斷。在那令人放鬆的房間裡，充滿了收納的巧思。

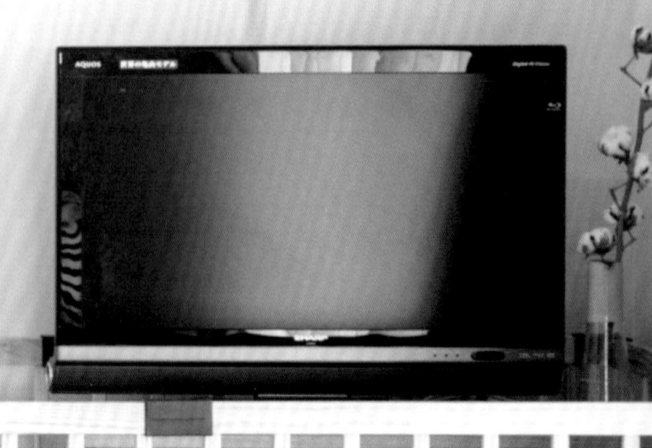

DATA
居住於埼玉縣
夫妻＋孩子1名＋愛犬
公寓
四房兩廳一餐
Room Clip
帳號：risako1107
Room No. 783450

渡邊夫婦育有一子和一隻狗狗。兒子即將1歲半，正是這個也想摸、那個也想碰，拿到東西就亂丟的時期。加上愛犬也同住在一塊，為了這兩個隨心所欲跑來跑去的家人，渡邊夫婦在房間規劃上花費了比別人多一倍的心思。

井然有序、北歐風雜貨和手作裝飾品，房間處處都是自己喜歡的東西，這樣的生活簡直棒透了。

在孩子出生前，聽說客廳的組合櫃是拿來擺裝飾品，現在則用來收孩子的玩具。「孩子打得開的抽屜我們會清空。至於色彩繽紛的玩具，為了讓孩子拿得出來、放得回去，我們會用棉麻聚酯收納箱收起來。」

渡邊夫婦表示整理房間之餘，也不想忽略對孩子的關愛。渡邊女士說：「剛好兒子現在玩心正盛，那些比較容易弄亂的書和玩偶會收在他看不到的地方。至於可愛的玩具就放在開放式的收納空間，也有一種布置的效果。」

廚房裡的收納也分成「看得見、看不見、裝飾型」三種方式。擺放廚房家電和食材的層架是在本來就有的部分之外再追加、組合，規劃出方便使用的形式。擺在「壁掛家具」上的各種裝飾品，展現出渡邊女士獨到的品味。她說：「我先生是很喜歡整理的人，而我的角色就是決定東西放哪裡。」夫妻齊心，維持了美好的居家環境。

Living Room

常待的客廳適合用「看不見」的收納◎

要讓客廳空間變得寬敞，秘訣就在於，盡量把東西收進門櫃和盒子。

客廳的門櫃裡頭長這個樣子

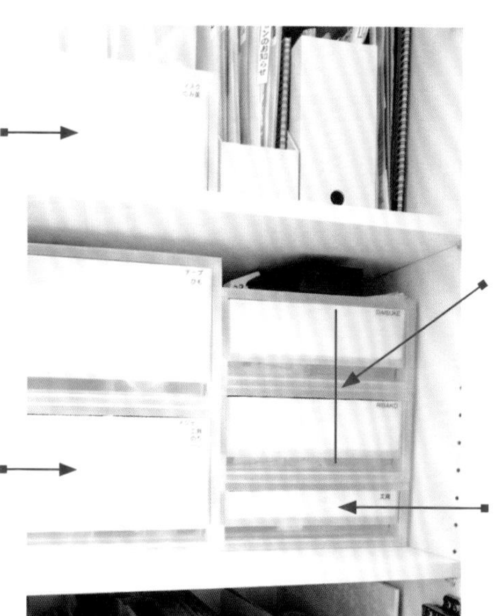

緊急時刻用的急救箱和文件放上層

上層空間依照不同需求，把東西放在可以馬上拿出來的位置。比如說地方通知單和急救醫藥品就放這裡。

創意DIY用的道具放在同一格方便管理

同一個情況下會用到的東西收在同一個地方，是收納的鐵則。DIY的時候，只要直接把整個盒子拿下來就好。②

每個人的東西一定要「分開放」

一整格抽屜都給同一個人用。有固定收自己東西的地方，可以有效避免東西亂丟的情況。①

文具要放在容易看到的高度

小東西一大堆的文具，最好放在和視線一樣高的位置才好拿。

常用到的書籍和檔案放在腰的高度

使用頻率最高的東西就放在和腰一樣高的位置。常用的檔案和常看的書就收在中間這一層。③

「先放再說」的「其他類」盒子

不知道該分在哪一類的文件用物品，專門設置一個「其他類」的盒子會很方便。過一段時間後要記得拿出來重新整理一次。

回憶箱和說明書放到最下層

相簿和其他充滿回憶的東西以及使用說明書等平常不會用到、但非常重要的東西，就放在最下層比較不礙事。

顏色各異的東西就收進盒子藏起來

五顏六色的玩具和DVD放在有蓋子的盒子還有抽屜，收進看不見的地方。放在最下面的話，孩子要拿的時候也很容易。（P.36照片：④）⑤⑥

Kitchen

廚房的收納法則 就是東西好拿、一目瞭然

看一眼就知道東西在哪裡，要用的時候馬上可以拿出來。有這樣的廚房就能提高做事效率。

發揮檔案盒功能
將平底鍋立起來收納

平底鍋如果全都疊在一起，要拿的時候很不方便，所以放進檔案盒收納。

塑膠袋和粉包
最好用盒子分類隔開

保鮮膜和塑膠袋常常用到，為了要用的時候能馬上拿出來，集中放在一個抽屜裡並清楚區隔開來。⑦

水槽下的收納空間
藏著食譜書

水槽下方的縫隙剛剛好可以擺一個檔案盒。把食譜收在這裡，做菜的時候就可以隨時確認作法了。⑨

統一收進籃子裡
拿的時候超方便

裝咖啡豆和紅茶的瓶罐貼上標籤標明內容物。使用牢固的不銹鋼收納籃，可以輕輕鬆鬆拉出來。⑧

用「壁掛家具」
讓牆壁搖身一變成展示區

在廚房做事的閒暇之餘一瞄，就能看見牆上裝飾著自己喜愛的各種雜貨。可時常變換裝飾，賞心悅目。

輕巧又透氣的椰纖編盒
是收納鍋墊的最佳用品

鍋墊在潮濕環境下不耐放，選擇輕巧又透氣的椰纖編盒最適合。

THE
COFFEE
HOUSE
W

配合日常行動設置放東西的地方

就算早上出門前時間不夠也不必慌慌張張，從衣服到飾品全都集中在同一個房間，打造完美無缺的換衣間。

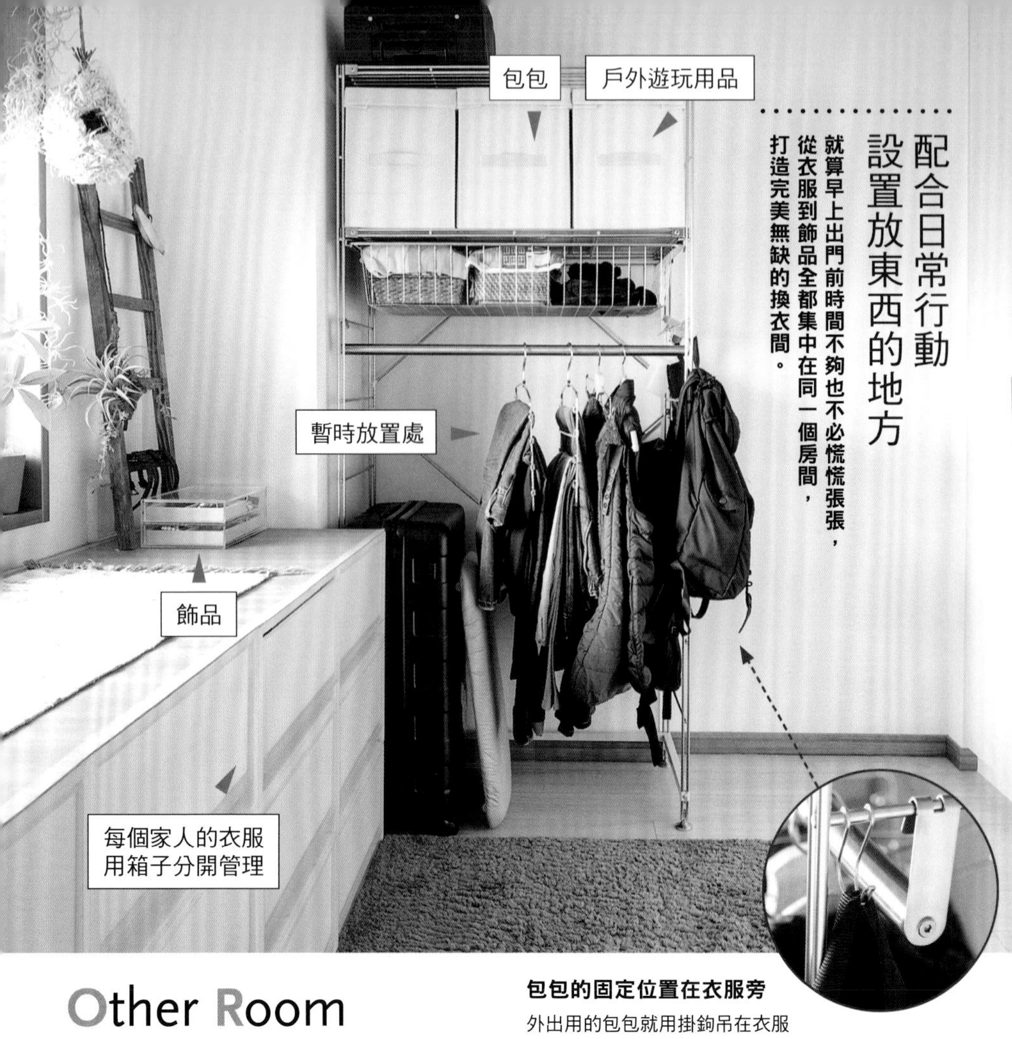

包包的固定位置在衣服旁

外出用的包包就用掛鉤吊在衣服旁。放旁邊的話，就可以在穿上外套後順勢提起包包出門。⑩

Other Room

飾品依種類分清楚
要戴的時候立刻就能選好

重點在於用內盒分類戒指、耳環、項鍊，每格都收著喜歡的飾品，能一次看到所有同類的飾品，出門前再也不必煩惱。⑫

神壇
用「壁掛家具」
設置在不顯眼的位置

神壇要放在哪裡總是讓人傷透腦筋。如果用「壁掛家具」就可以擺在喜歡的位置了。大小只要夠擺放必要的東西就好。⑪

渡邊女士推薦的無印良品

①

PP盒／抽屜式／淺型

約寬26×深37×高12cm

價格：900日圓

②

PP資料盒／橫式／深型

寬37×深26×高17.5cm

價格：1,100日圓

③

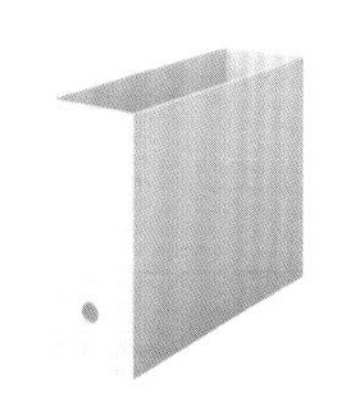

PP立式檔案盒／A4／白灰

約寬10×深32×高24cm

價格：700日圓

④

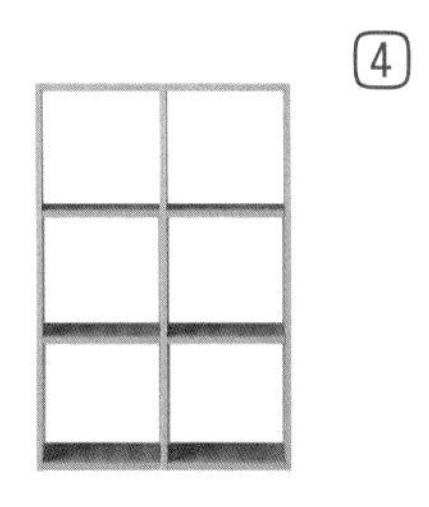

自由組合層架／3層×2列／橡木

寬82×深28.5×高121cm

價格：27,000日圓

⑤

可堆疊椰纖編長方形籃／大

約寬37×深26×高24cm

價格：1,700日圓

⑥

棉麻聚酯收納箱／長方形／中

約寬37×深26×高26cm

價格：1,200日圓

⑦

SUS追加用PP盒／不鏽鋼／寬56cm用

寬51×深41×高15cm

價格：3,000日圓

⑧

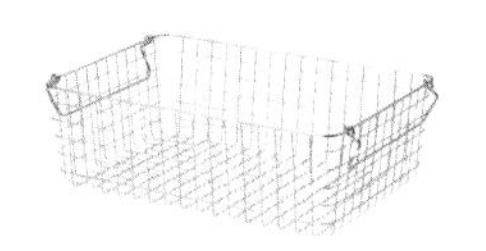

18-8不鏽鋼收納籃3

約寬37×深26×高12cm

價格：2,300日圓

⑨

PP立式檔案盒／斜口／A4

約寬10×深27.6×高31.8cm

價格：700日圓

⑩

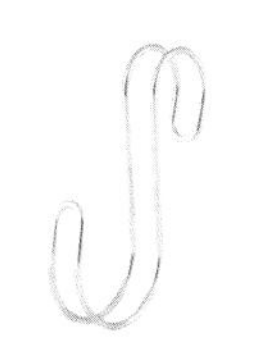

S掛鉤／防橫搖型／小／2入

約5cm×1×9.5cm

價格：380日圓

⑪

壁掛家具／L型棚板／44cm／橡木

寬44×深12×高10cm

價格：2,500日圓

⑫

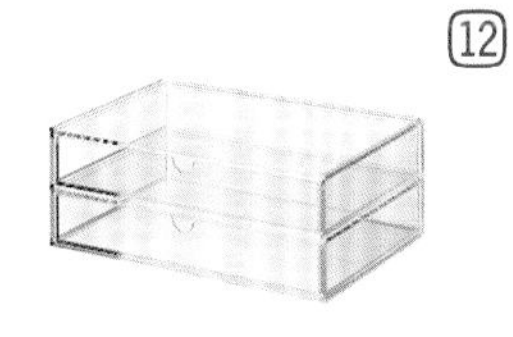

壓克力盒／抽屜式／可堆疊／2層／大

約寬25.5×深17×高9.5cm

價格：2,200日圓

在小小套房裡過上舒適又綠意盎然的生活。

有模有樣的整理方法就是讓所有東西都有安身立命之地。

DATA

居住於東京都
一個人住
公寓
Room Clip
帳號：
ponsuke
Room No. 778973

泉先生是一名廚師，目前住在一間小套房。房裡處處點綴著綠色植物，牆壁則是簡樸的白色。他在法國拜師學藝時，受到當地居民美麗的房間裝潢刺激，培養出挑選各種別緻雜貨的美感。

耀眼的陽光灑入泉先生綠意盎然的房間。據說他到法國學習烹飪時，看到別人布置的漂亮房間激發了他的興趣。房裡各處都擺設植物和雜貨，讓人一點也不覺得這只是間小小的套房。

為了不破壞房間整體風格而想出的收納方法，也是能看出泉先生好品味的地方。他收納的幾項重點有：將生活用品收進床和沙發底下的死角，而電腦等家電就自然放在視線外的地方，生活雜貨則用不透明的容器收納來減少顯眼程度等。他堅持：「收納的東西要放在看不見的地方，就算放在看得見的地方，也要擺得乾淨整齊。」就連廚房的料理工具和調味料也像展示品一樣掛在牆上，斟酌物品使用的頻率、設置在恰當的位置，這麼一來馬上就能讓房間變得有條有理。

房間整體的格調確定後，再慢慢補充家具、調整配置。泉先生還告訴我們：「統一用顏色比較淡的家具，讓房間看起來寬敞也是一個重點。」

妥善運用「壁掛家具」系列商品，兼具收納和裝潢的效果。湧入自然光的明亮窗邊，是泉先生喜歡的愜意小角落。功能性和觀賞性達到絕佳平衡，不但井然有序，看起來也舒服。

Living Room

少少的東西
小小的家具
和自己喜歡的事物
一起生活

讓我們帶各位讀者看看
不會破壞室內裝潢風格的小巧思。

打掃用具收進木桶
避免破壞裝潢風格

想把打掃用具放在平常放的地方，那就用木桶藏起來。外觀看來不顯眼，不過可以隨拿隨用。③

遙控器類
用椰纖編長方形籃
偷偷藏起來

善用蓋子，既可以避免積灰塵又可以隱藏內容物。桌子和籃子擺在一起毫不衝突，光是把東西收好，就能創造室內裝潢風格。①②

喜歡的小東西
就用壁掛家具裝飾起來
創造鮮活的布置

想要裝飾單調的牆壁，也想隨意選定裝飾的位置。實現這些心願，就能讓房間變得更加愜意。

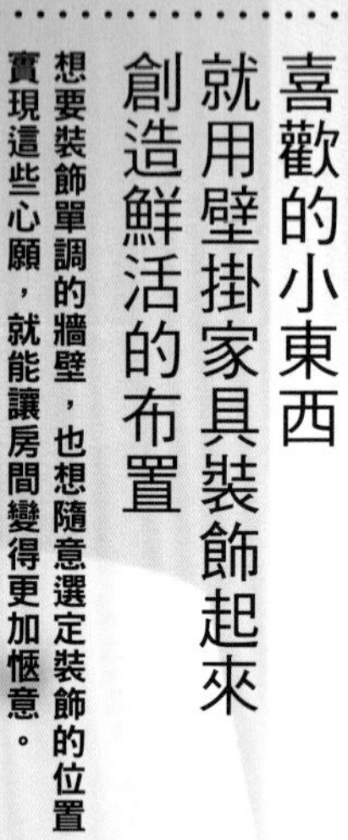

裝設幾個小架子來享受在喜歡的位置擺裝飾的樂趣，也會增加自己對於房間的喜愛度。床旁擺著鬧鐘和芬香噴霧器，廚房則擺放香料和食材。點綴一些綠色植物看起來更加清新。房間裡充滿了自己喜歡的東西，讓人能自在享受做自己的時光。

洗衣和打掃用具自然放在
牆壁旁伸手可及的位置

容易讓人感覺雜亂的日用品就用綠色植物來稍加掩飾。選用的容器也會影響到整潔程度。⑦

用檔案盒型揚聲器
打造精巧的收納方式

收納文件的地方放置一座揚聲器。上方裝飾一些給人清涼感覺的小東西，進而化身實用又有裝飾效果的收納角落。④⑤⑥

Living Room

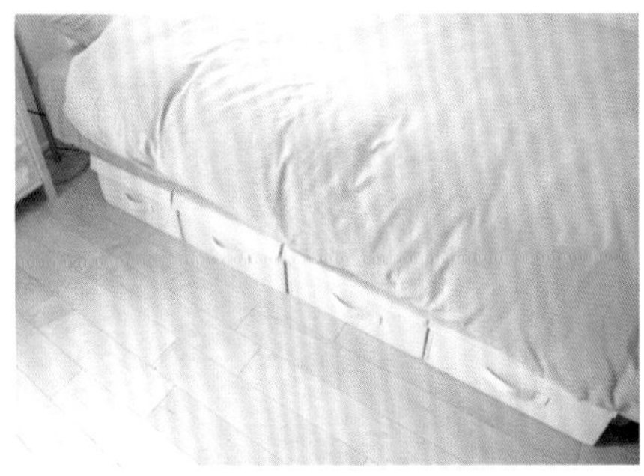

生活用品放進不透明箱子，消除雜亂無章的感覺

收納不需要用到過大的空間，所以「不顯眼的地方」最適合拿來收納。將長方形小抽屜擺在層架的下層，統一管理生活用品。而儲備品專用籃就收在沙發底下，放備用寢具的盒子則塞進床底，這麼一來就算空間小也可以整理得有條不紊。①②⑧⑨

Kitchen

動作和物品都乾淨俐落 烹飪達人注重功能性的獨家廚房

過濾出少數顏色，不必隱藏生活面也可以很雅緻。

幾乎沒有任何隔間的套房，即使一覽無遺卻沒有雜亂的感覺。這是因為泉先生以白色為房間的主角，使用白木紋、綠色植物、不鏽鋼、玻璃等物品，在顏色和材質上都精挑細選，讓收拾道具也成為裝潢的一環。

常用的料理工具用吊掛式、直立式收納好拿好用

料理工具挑選不鏽鋼製、木製、以及白色的器物。這是一種展現道具本身「機能美學」的收納形式。⑪⑫

常用的調味料裝飾在牆上營造咖啡廳的風格

東西和東西之間留點空隙，同類的東西統一放在一起，並依高低順序排好。如果抱著裝飾的心態去擺放調味料，就可以減少龐雜的感覺。⑩

泉先生推薦的無印良品

①

可堆疊椰纖編長方形盒

約寬26×深18.5×高12cm
價格：750日圓

②

椰纖編長方形盒用蓋

約寬26×深18.5×高2cm
價格：320日圓

③

白蠟木垃圾桶／長方形

寬28.5×深15.5×高30.5cm
價格：2,500日圓

④

ㄇ字多功能家具／合板／橡木材／寬35cm

寬35×深30×高35cm
價格：7,000日圓

⑤

PP立式檔案盒／斜口／A4

約寬10×深27.6×高31.8cm
價格：700日圓

⑥

檔案盒型藍芽揚聲器（MJFSP-1）

寬10×深27.6×高31.8cm
重：2.8kg
價格：13,000日圓

⑦

壁掛家具／L型棚板／44cm／橡木

寬44×深12×高10cm
價格：2,500日圓

⑧

PP小物收納盒／3層／直立A4大小

約寬11×深24.5×高32cm
價格：2,000日圓

⑨

PP小物收納盒／6層／直立A4大小

約寬11×深24.5×高32cm
價格：2,500日圓

⑩

壁掛家具／箱／44cm／橡木

寬44×深15.5×高19cm
價格：3,900日圓

⑪

米白瓷廚房道具架

約直徑9×高16cm
價格：900日圓

⑫

鋁製S掛鉤／中／2入

約寬4×高8.5cm
價格：150日圓

廚房「空無一物」的秘密，就是全部藏起來。

陽光灑進房裡，清爽的開放式廚房。
之所以檯子上能什麼都不擺，
是因為每個東西怎麼拿、放哪裡都決定好了。

大木女士家裡整潔有秩，幾乎看不到任何擺在外頭的東西。特別是廚房，除了最基本的家電之外，只看得到觀賞植物。

其實，餐具和料理工具全都藏進收納空間了。在深型的抽屜式收納空間裡，以可堆疊的盒子和籃子充分利用空間的收納，是大木女士最自豪的地方。常用的東西放上層、比較少用到的放下層，根據使用頻率來整理，這就是大木流收納法則。

此外，大木女士還告訴我們：「收納方式也要經過仔細考量，盡量讓其他家人也知道每個東西該放的地方。」當家人問她東西放哪裡時，就是一次調整收納方法和地方的機會。要建立全家人都容易收拾的收納方法，要注意的大原則是「任誰看了都一目瞭然」。

大木女士替喜歡買東西的自己訂下一個規則：「為了不隨便增加家裡東西，衣服跟餐具得先確定有地方可以收再買。」就連收納用品也統一使用白、黑、灰三色，讓空間保持淡雅的感覺，也讓收進抽屜和櫥櫃裡的東西看起來散發出耀眼的光芒。

DATA
居住於神奈川縣
夫妻＋2名孩子
透天獨棟
三房兩廳一餐
附一小儲藏間

大木家坐落於恬靜住宅區，家裡有兩位孩子，熱鬧非凡。身為整理收納顧問的大木女士精心規劃家中收納，落實讓全家人都能自然而然動手整理的收納方法。

收納空間裡做好區隔
挑選餐具也能趣味十足

清楚明瞭又好拿。
決定好東西收放位置，充分發揮收納功效。

碗盤、餐具

深底抽屜的空間
要充分利用
「雙層堆疊」技巧！

想讓深底抽屜裡面的東西也好拿，利用可堆疊式收納用品就能搞定。常用的東西放在上層。①②

大盤子使用隔板收納架
輕鬆拿取

用間隔比較狹窄的收納架，收大盤子也沒問題。直立式擺放，想拿哪個盤子一抽就出來了。④

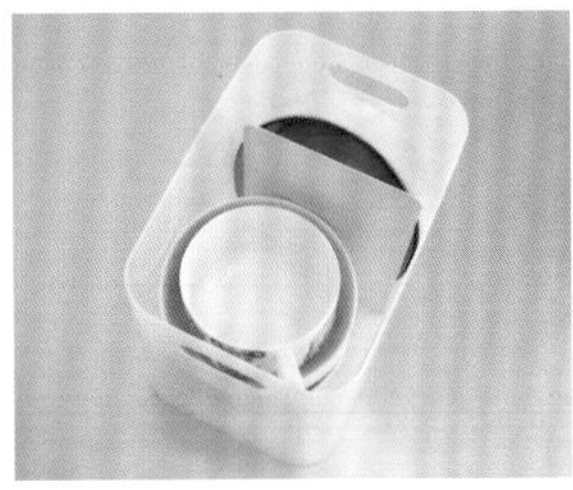

小杯子用隔板分開
就不易敲破

加上隔板，盒子裡面的器具就不容易相碰。用這種盒子的好處在於可以堆疊數個容器。③

不知道怎麼處理的東西
全部集中在一格避免混亂

很多待想辦法處理的東西常會放到忘記。把它們放在一個固定位置，後續處理也會輕鬆許多。

Kitchen

廚房用具

常用的保鮮膜和垃圾袋
用盒子和箱子
收納效率十足

流理臺下方的淺底抽屜是擺放消耗品的固定位置。一拉開就清楚東西還剩多少。⑤

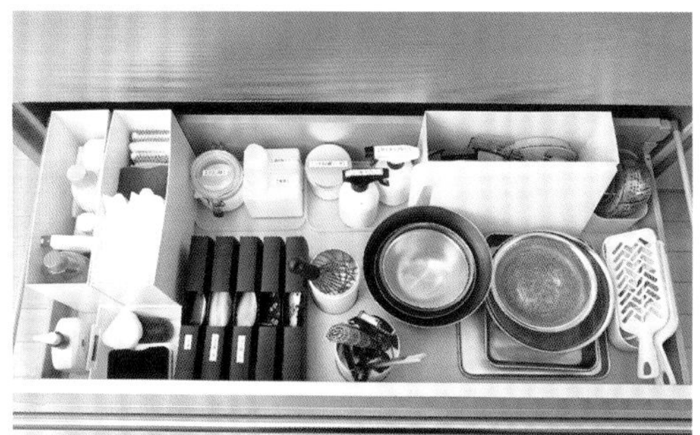

調理器具旁放的檔案盒
是清理用品的最佳位置

橫幅較寬的抽屜可以用檔案盒來區隔收納位置。在流理臺使用的濾網、不鏽鋼盆等廚房用具的位置固定放這裡。

料理工具用盒子裝
一覽無遺

要收納形狀、大小各異的工具，選擇合適的盒子很重要。自由調整擺放方向，找出最方便取用的配置。⑥

垃圾桶、調味料

分類細一點，
縫隙處也能善用

剛開的調味粉放進迷你型收納盒，至於窄型的收納盒剛好可以放進比較細長的抽屜，瓶罐上如果有一些滴下來的醬料也方便清理。⑥⑦

想充分發揮小巧的儲藏間功能 就要依「用途」做好分類

儲藏間裡的東西繁瑣 分層、分箱收納的話可以省下麻煩

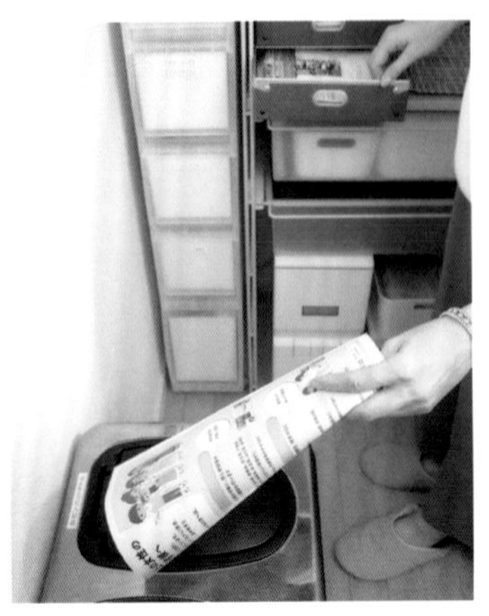

文件盒放在中間層 丟棄文件時順手搞定

輕鬆丟東西的最大關鍵，在於要丟的東西跟垃圾桶之間的相對位置關係。⑨

零食和泡麵 放在能隨手拿取的箱子裡

為了讓家裡正在發育的男孩子隨時拿得到東西吃，平常就會準備好食物集中在一處。⑧

使用有腳收納盤 充分利用下層空位

事先決定好舊報紙堆放數量的上限，放在附腳架的收納盤上，打掃起來也很輕鬆。⑪

林林總總的東西 用小抽屜分類收納

決定好每一格抽屜要收哪些種類的物品，並貼上標籤讓全家人看清楚。⑩

零食
麵包、泡麵
重要文件
儲備食品
金錢相關文件
其他文件
回收垃圾
保鮮膜、錫箔紙
儲備袋裝食品
紙巾
便當用具
罐頭
米
報紙
瓶子

東西用不同盒子做好分類
自然打造出整潔衛浴間！

目標是打造出飯店等級乾淨清爽的衛浴空間。

Sanitary

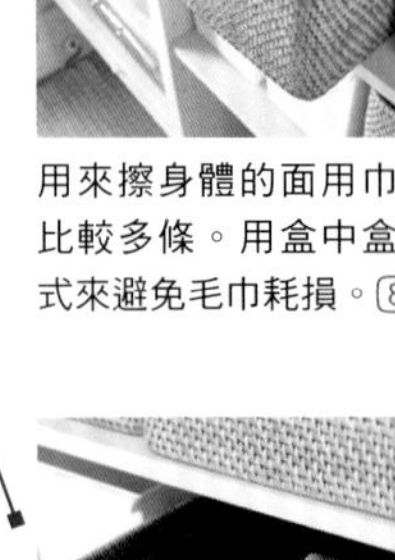

別人送的毛巾先收起來，並且保持要拿時可以馬上拿出來的狀態。

用來擦身體的面用巾需要比較多條。用盒中盒的方式來避免毛巾耗損。⑧

這裡也是更換居家服和睡衣的地方，所以一定得設置一處暫時放這些衣服，避免衣服脫了就亂丟。

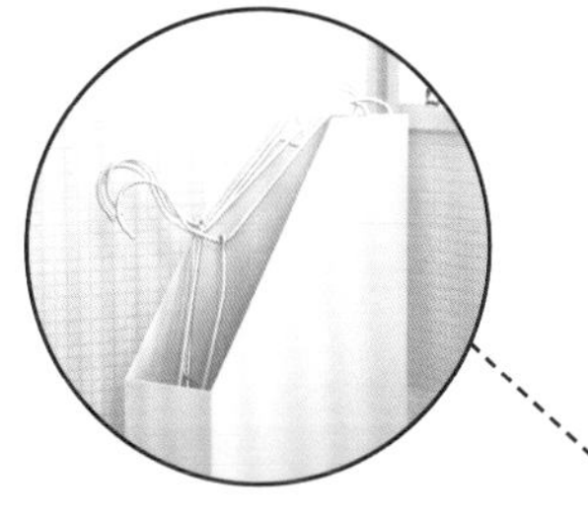

洗衣用具統一收在同一層
洗衣服時不麻煩

營造渡假飯店的感覺！由於沒有擺放多餘的東西，清理起來也很容易，還多出可以裝飾的空間。⑫

大木女士推薦的無印良品

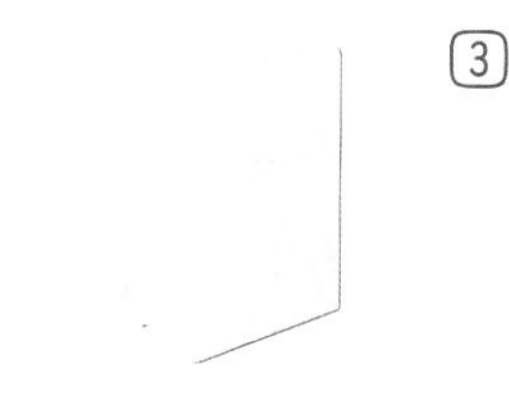

3

鋼製書架隔板／中

寬12×12×高17.5cm
價格：263日圓

2

PP化妝盒

約150×220×169mm
價格：450日圓
※和1/2尺寸的化妝盒堆疊使用

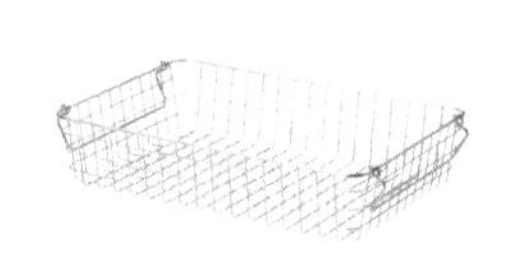

1

18-8不鏽鋼收納籃2

約寬37×深26×高8cm
價格：2,000日圓

6

PP化妝盒1/4縱型

約75×220×45mm
價格：180日圓
※還用了其他不同尺寸

5

保鮮膜用盒／大

約寬25～30cm用
價格：450日圓

4

壓克力收納架／A5尺寸

約寬8.7×深17×高25.2cm
價格：1,500日圓

9

硬質紙箱／抽屜／2層

約寬25.5×深36×高16cm
價格：2,620日圓

8

可堆疊藤編長方形籃／中

約寬36×深26×高16cm
價格：2,900日圓

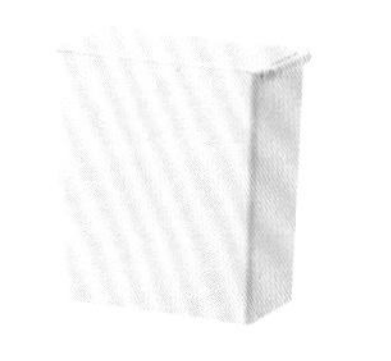

7

PP垃圾桶／方型／迷你／約0.9L

約寬7×深13.5×高14cm
價格：500日圓

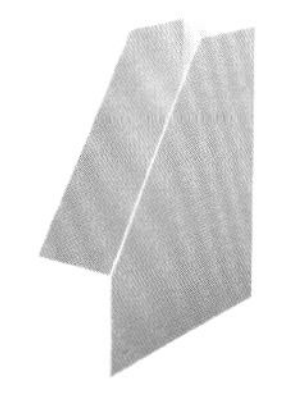

12

PP立式檔案盒／斜口／A4／白灰

約寬10×深27.6×高31.8cm
價格：700日圓

11

ABS小物收納盤／附腳架／A4

A4尺寸用、附4支腳架
價格：1,500日圓

10

PP附輪收納箱4

約寬18×深40×高122cm
價格：5,000日圓

就算家裡有3隻貓和小嬰兒，收拾東西也不費力。

道具選擇得宜，就能減輕打掃和收拾的負擔，而且房間自然而然就變整齊了。

「你根本管不了貓咪的行動，再加上寶寶的東西越來越多，真的很傷腦筋。」G女士為了照顧0歲的孩子忙得焦頭爛額。如果沒有嬰兒床的話，實在很難想像她身陷水深火熱之中。在家裡有小嬰兒和3隻貓的情況下，G女士保持房間整齊的秘訣究竟是什麼?

G女士重視的部分在於打掃和收拾東西時輕不輕鬆。為了這些為所欲為的家人，客廳裡盡可能不擺任何東西，常用物品全都收進櫃子。這麼一來，活動空間就變得很大，確實打掃起來也會輕鬆許多。

尿布和糖果這種需要頻繁更換補充的消耗品，就放進附蓋藤編盒集中管理。這麼一來不僅拿的時候方便，還可以一眼就看出量還剩下多少。也準備每個人放自己東西的專屬抽屜，收拾的時候只要放回該放的地方就好。

G女士最匠心獨運的巧思，是主要用來收拾小嬰兒和貓咪東西的專用櫃。大致以格為單位分開收納不同家人的東西，每件東西的數量和放的地方一目瞭然。

「隨著孩子長大，東西會增加、也需要更換，所以想趁現在先做好面對這些事情的準備。」從G女士的話中，我們可以感受到她積極整理的心意。

DATA
居住於東京都23區
夫妻＋2名孩子＋愛貓
公寓
三房兩廳一餐
Room Clip
帳號：gomarimomo
Room No. 1035578

G女士和兩名女兒及先生住在東京都內的公寓。3隻愛貓的活動範圍主要在客廳四周，所以客廳裡幾乎沒有東西擺在外面，除此之外也花費不少心思，讓打掃能夠輕鬆搞定。

客廳的收納空間就只有一個櫃子 真正需要多少日用品靠收納就能搞清楚

家中生活目前以小嬰兒為重。想要同時做好家事和照顧小孩，容易打掃和整理的房間是不二法門。

「更換補充」的東西
全都用藤編籃管理保存

可以拿來吃的零嘴就放在檯子上備著。因為有附蓋，可以將量控制在不滿出籃子的程度。①②③

下層的藤編籃子
是放尿布的最佳位置

考慮到動線，將尿布放在最適合的固定位置，要替小嬰兒換尿布時可以節省許多時間。尿布拆掉包裝後一片片放進籃子存放，看一眼就能弄清楚量還剩多少。

Living Room

櫃子裡面長這樣

小東西和容易弄亂的東西就用盒子分裝整理。④⑤⑥

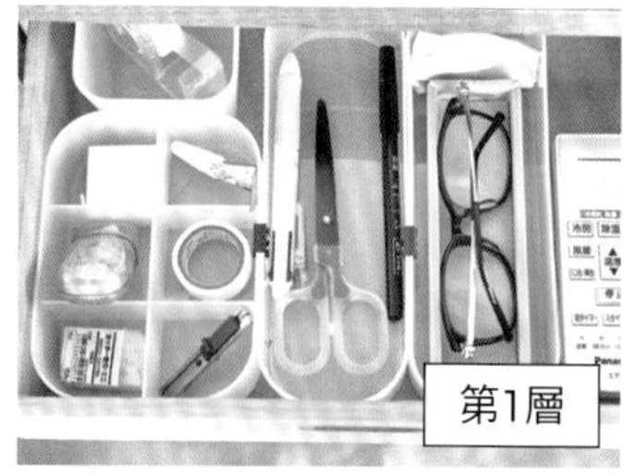

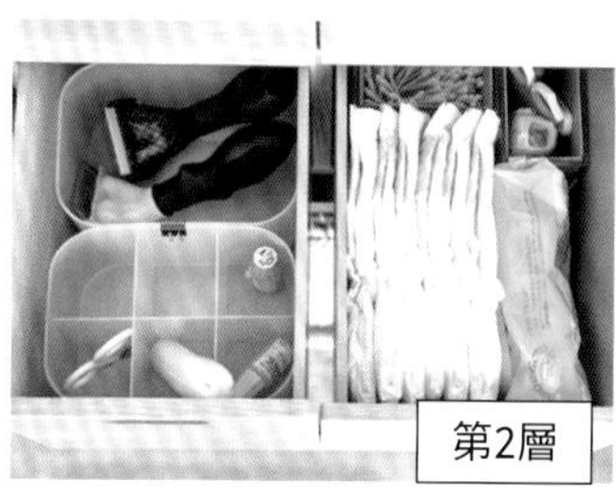

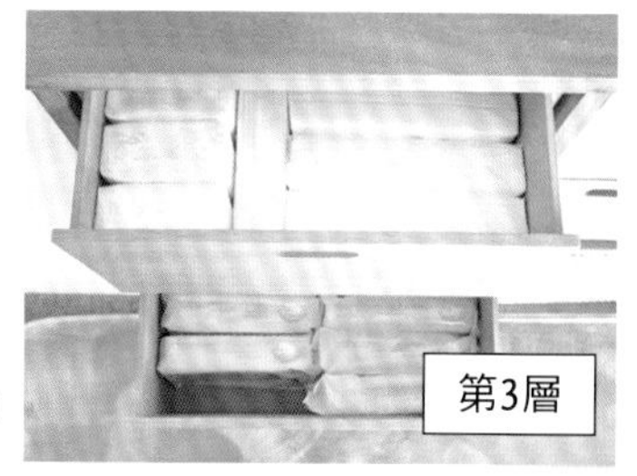

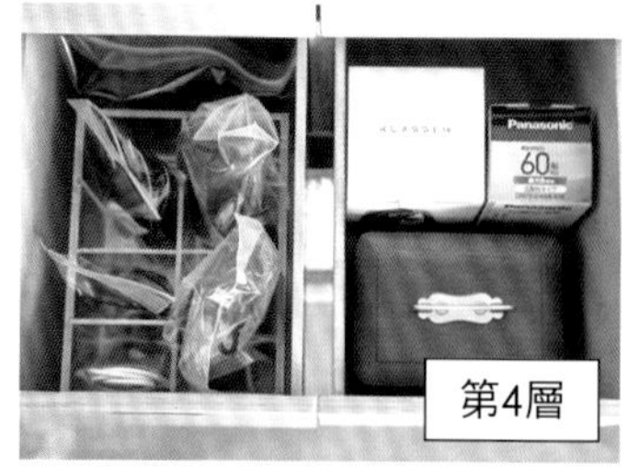

第1層／日用品仔細劃分，方便拿取。
第2層／小型保健用品用「PP化妝盒」系列商品可以分開收納。
第3層／濕紙巾的庫存放這裡。量還剩多少一看就知道。
第4層／線材用壓克力分類盒立起來收藏，方便拿取使用。

貓和小嬰兒的東西透過分層收納確切掌握數量

現在的貓咪房，之後預計拿來當孩子的房間。隨機應變、掌握東西種類和數量非常重要。

大體積的嬰兒包巾用檔案盒可以節省收納空間

嬰兒服既小又輕，可以掛一排在衣桿上。至於體積比較大的嬰兒包巾，可以捲起來收進檔案盒節省空間。

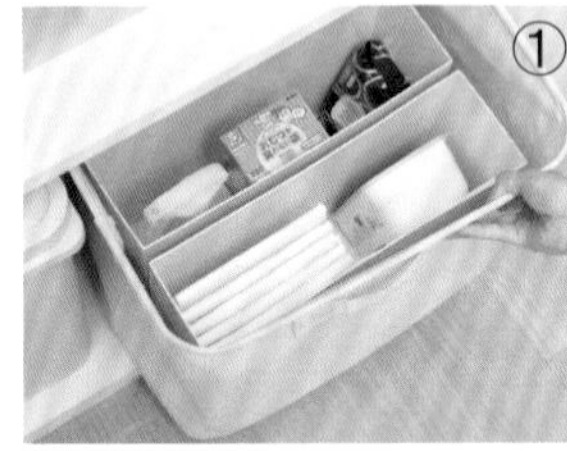

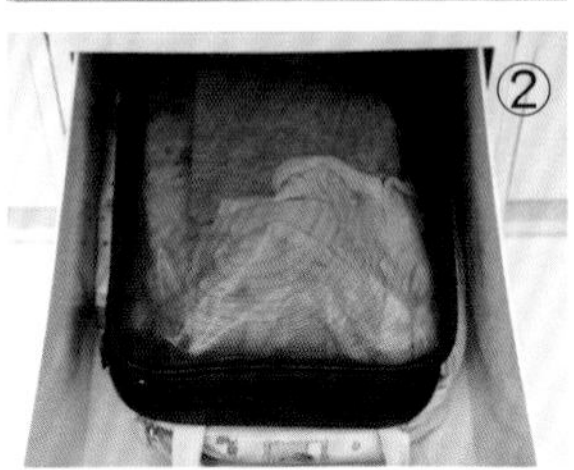

抽屜裡面的巧思 ⑦⑧⑨⑩

①棉麻聚酯收納箱裡利用檔案盒劃分區塊。

②嬰兒服非常適合用旅行收納袋進行分類。

③用隔板細分出嬰兒的小東西，方便拿取。

Cat & Baby Room

冰箱裡只要用托盤進行分類，就能變得整整齊齊

不夠還可以馬上添購，不需囤積過多東西。

納豆和豆腐這種東西，如果直接放在架上很容易弄亂。用化妝盒集中管理的話，還能輕鬆確認量剩多少。

裝在壓克力收納盒裡調味料也可以快速取出

條狀的容器倒過來放，既不會掉出來，又方便拿取。⑪

Refrigerator

會在同樣狀況下用到的食品集中放進托盤十分便利

味噌和調味料等必需品集中放在一個整理盒。做菜時將整個盒子一起拿出來，就可以繼續進行接下來的步驟。⑫

G女士推薦的無印良品

①

藤籃／長方形用蓋
約寬36×深26×高3cm
價格：1,000日圓

②

可堆疊藤編長方形籃／中
約寬36×深26×高16cm
價格：2,900日圓

③

可堆疊藤編長方形籃／大
約寬36×深26×高24cm
價格：3,600日圓

④

PP化妝盒1/4橫型／附隔板
約150×110×45mm
價格：200日圓
※搭配其他PP化妝盒系列商品使用

⑤

PP化妝盒1/4縱型
約寬75×220×45mm
價格：180日圓
※搭配其他PP整理盒系列商品使用

⑥

PP化妝盒1/2橫型／附隔板
約150×110×86mm
價格：300日圓

⑦

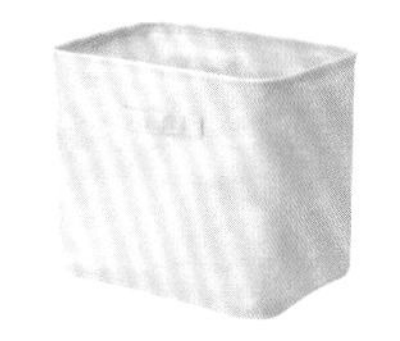

棉麻聚酯收納箱／L
約寬35×深35×高32cm
價格：1,500日圓

⑧

PP立式檔案盒／A4／白灰
約寬10×深32×高24cm
價格：700日圓

⑨

滑翔傘布分類收納袋／深藍／A5／硬式
約27×20×4cm
價格：1,500日圓

⑩

PP分隔板／大／4枚入
約寬65.5×深0.2×高11cm
價格：800日圓
※P.62的照片為舊款商品

⑪

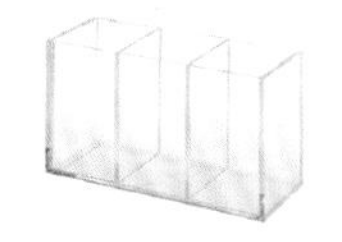

可堆疊壓克力分類盒／窄／大
約寬17.5×深6.5×高9.5cm
價格：800日圓

⑫

PP整理盒3
約寬17×深25.5×高5cm
價格：200日圓

收納術為你帶來美好居家環境以及豐富生活。

風格雅緻、
不過度強調特色、注重功能性。
舒適的生活型態，
一切都以最自然的形式融入空間。

DATA

茨城縣
夫妻＋2名孩子
透天獨棟
三房兩廳一餐

這棟房子由從事建築工作的公婆和丈夫所建造，是親子的共同作品。「家中物品的挑選標準是先選擇最基本的樣式，再享受各種變化的樂趣。」時常更換沙發套、用北歐風的小東西進行裝飾，替日常生活增添變化。

給人柔和印象的木造建築和家具完美融合，U女士的家令人感到悠閒恬靜。家中各處都放著她喜愛的兔子型及北歐風雜貨，光是用看的就覺得每天的生活都愉快了起來。不過，儘管U女士用這麼多小東西裝飾，感覺起來卻一點也不雜亂。其實，打造優美房間的訣竅，在於巧妙隱藏容易給人雜亂感覺的生活用品。

客廳的開放櫃裡，特別用籃子和箱子來隱藏物品，讓人不會直接看見。所有房間都收放著會在該房間用到的東西，所以這種方法也可以消除整理房間的壓力。U女士告訴我們：「我們特別喜歡用看不見裡面裝什麼的檔案盒還有藤編籃。」如她所說，放眼望去，客廳的確沒有什麼透明的收納用品。

另一側的廚房和儲藏室裡則重視功能性和物品拿取方便與否。使用開放式層架、標籤明確的收納用品，讓各種東西的位置一清二楚。U女士說：「基本上會進廚房的也就只有我，所以對我來說最重要的就是東西位置清不清楚。」只要看一眼就能掌握有哪些東西的儲藏室裡，就算是第一次踏進去的人，也完全不會摸不著頭緒。

如何在愜意的房間裡度過豐富生活的布置小撇步

自然光灑入，
令人感到閒適放鬆的療癒空間。
層架上方是裝飾小天地。

管理文件的基本原則
是「盒裝」

先生親手製作的漂亮置物櫃。用檔案盒來分類收納文件，並選用能融入木頭質地的顏色。①

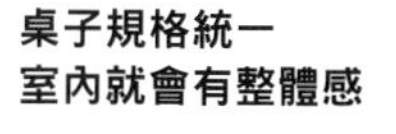

桌子規格統一
室內就會有整體感

丈夫的工作桌質感也非常能融入整個房間的氣氛。搭配使用大小剛好的「PP盒／抽屜式」。②③

Living Room

簡樸的無印良品沙發
依不同季節更換合適的沙發套

存在感強烈、令人放鬆的沙發可以照心情更換不同圖案的沙發套和靠墊來做變化。每個季節都可以享受不同樂趣。⑤

用「壁掛家具」點綴在喜歡的地方

牆面配合季節和節慶更換裝飾的棚板成為房間的焦點。不見任何金屬零件，感覺十分清爽。④

Pantry
食譜書
便當用具組
儲備食品
麵包和零食
啤酒和瓶裝
調味料
清潔劑
打掃用具
咖啡和茶包
儲備品
垃圾分類箱

藏身角落的儲藏室
滿滿注重功能性的開放式收納

這裡是U女士的專屬收納間，什麼東西都能收。
重要的是用層架劃分空間，決定每個東西的住處。

A

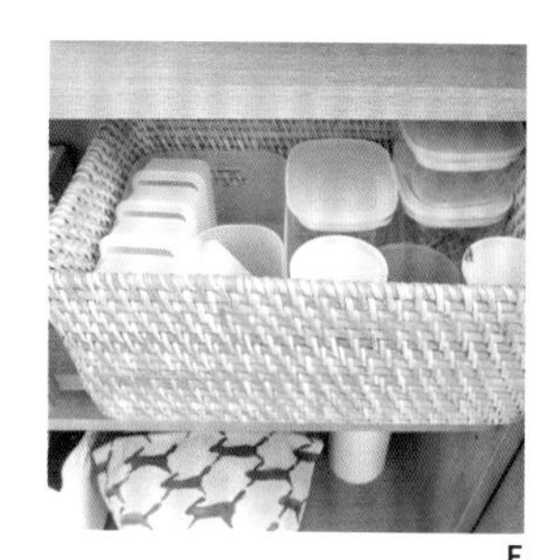
E

A
備用的消耗品 用檔案盒集中管理

需要補充的消耗品用盒子集中管理，可以迅速掌握補充的時機。⑥

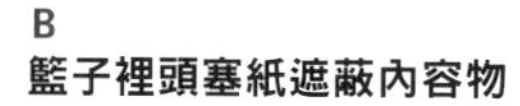

B
監子裡頭塞紙遮蔽內容物

半透明的抽屜裡塞紙來遮蔽內容物，可以減少雜亂的感覺。

B

F

C
椰纖編籃是「常用物品專區」

麵包和零嘴等時常拿進拿出的東西就放進椰纖編籃，方便拿取。⑦

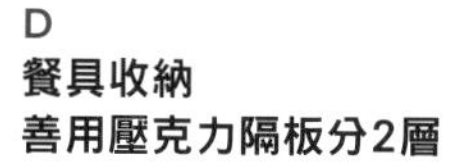

D
餐具收納 善用壓克力隔板分2層

使用壓克力隔板，就不用全部疊在一起，下面的盤子也好拿。

C

G

E
保存用容器集中放入一個籃子

大大小小的保存用容器依大小大致做好分類，要用的時候會很方便。

F
杯子放在盒子裡 輕鬆拿取

常用的杯子放在盒子裡，要拿比較裡面的杯子時也很輕鬆。⑧

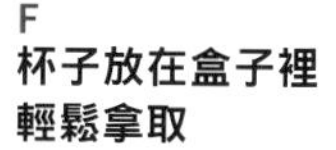

D

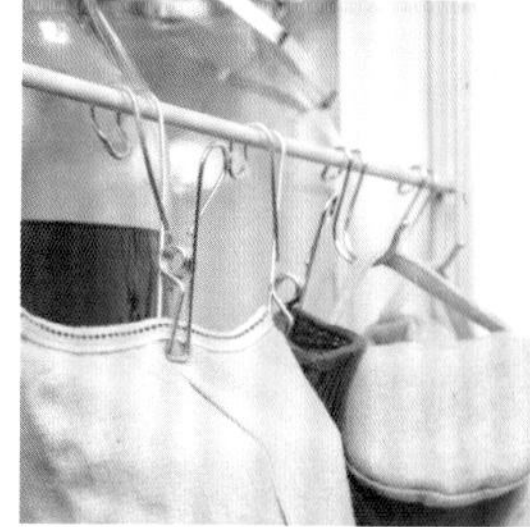
H

G
儲備食品 分層擺放

儲備食品的抽屜裡，每一層都放入不同種類。外頭貼上標籤的話馬上就知道抽屜裡放的是什麼。

H
布類用夾子吊起來收納

隔熱手套和鍋墊用夾子吊著就好。既不會造成皺褶，也非常實用。⑨

Kid's Room & Sanitary

衛浴間組合使用「PP衣裝盒」系列商品進行收納，每個抽屜細心用百圓商店的標籤卡標明內容物。⑩

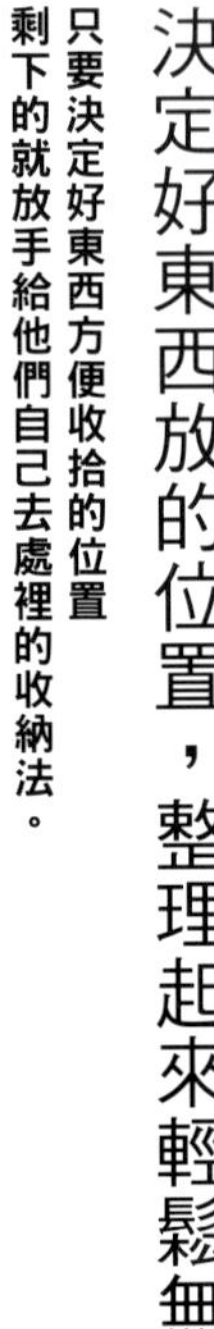

所有家人的共用房間 決定好東西放的位置，整理起來輕鬆無比

只要決定好東西方便收拾的位置 剩下的就放手給他們自己去處理的收納法。

玩具用化妝盒分類

五顏六色的玩具依照顏色和種類分裝進不同的化妝盒，孩子也容易找到要玩的玩具。⑪

收拾時一放就好、或一掛就好

為了讓孩子也能自己整理，簡化收納方式，只需要「放回去」「掛回去」一個動作就結束。⑫

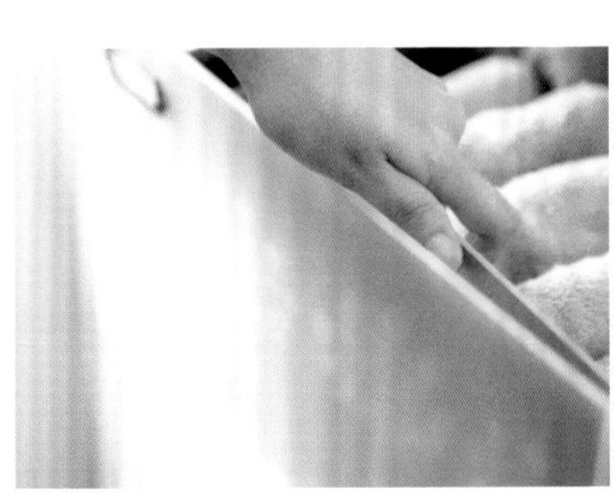

透光材質的收納用品 可以塞進有圖案的紙來隱藏內容物

抽屜裡放睡衣和貼身衣物。如果會在意那種若隱若現的感覺，可以在文件夾中放入不同圖案的紙、塞進抽屜遮住表面，看起來也很可愛。

Usagi works女士推薦的無印良品

1

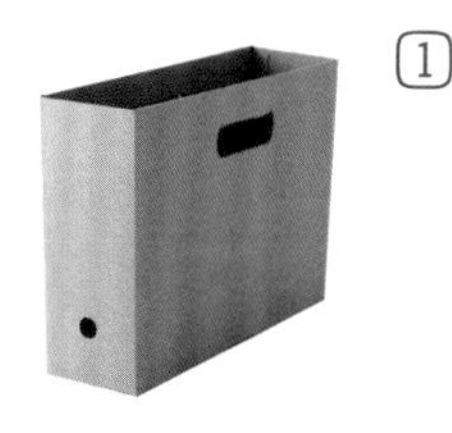

易折疊厚紙板檔案盒／5入／A4用

約寬10×深32×高25cm
價格：890日圓

2

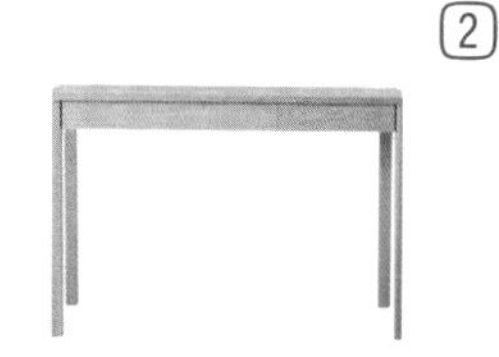

無垢材書桌／附抽屜／橡木

寬110×深55×高70cm
價格：25,000日圓

3

PP盒／抽屜式／深型

約寬26×深37×高17.5cm
價格：1,000日圓
※搭配同系列商品其他尺寸使用

4

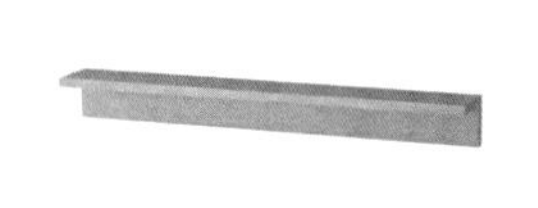

壁掛家具／L型棚板／88cm／橡木

寬88×深12×高10cm
價格：3,900日圓

5

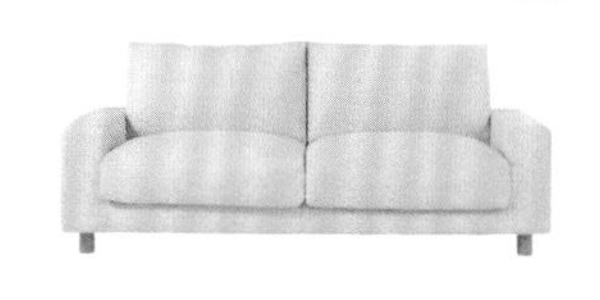

寬把沙發／2.5人／羽絨獨立筒／本體

約寬190×深88.5×高79.5cm
價格：83,000日圓
※沙發套、椅腳另售

6

易折疊厚紙板檔案盒／斜口／5入／A4用

約寬10×深28×高32cm
價格：890日圓

7

可堆疊椰纖編長方形籃／中

約寬35×深37×高16cm
價格：1,400日圓

8

PP整理盒4

約寬11.5×深34×高5cm
價格：180日圓

9

不鏽鋼絲夾／掛鉤式／4入／7A

約寬2.0×深5.5×高9.5cm
價格：400日圓

10

PP衣裝盒／橫式／小

約寬55×深44.5×高18cm
價格：1,500日圓
※搭配同系列商品使用

11

PP化妝盒1/2

約150×220×86mm
價格：350日圓

12

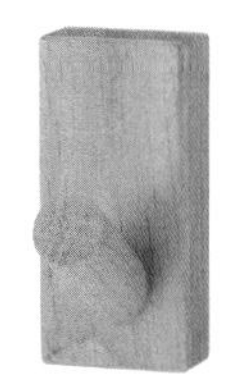

壁掛家具／掛鉤／橡木

寬4×深6×高8cm
價格：900日圓

和室也可以靠收納來常保整潔。

精挑細選生活用品，和室也可以馬上變得舒適宜人、並展現出符合個人的風格。

K女士說：「最理想的生活是不必擁有太多東西，過得放鬆、簡單。」如她所說，白色的房間裡有許多留白之處，有條有理，美得令人看著看著就迷上了。

而K女士力行的收納小秘訣是：「一個收納用品裡只放一種東西。」廚房的每一格抽屜和櫥櫃的每一個小收納用品裡，全都只放同種類同用途的東西。這麼一來，當想要做什麼時，就可以馬上找到要用的東西。

不過採訪過程她說：「其實我們家東西一開始多得不得了。」實在令人難以置信。她也告訴我們開始改變的緣由：「是從我先生調職、搬家時開始慢慢減少家裡東西的。」現在整個家裡都變得乾淨俐落，甚至還有一些收納用品裡是完全空下來的。

「我先生喜歡打掃和整理家裡，減少家裡東西的話收拾和打掃起來會輕鬆不少，效果也很好。」K女士笑談。「一旦他決定好東西該放哪裡，我們就會盡量照那個方式做整理。」對於K先生溫柔的守候，也懷著感恩的心情。

他們為了過上舒適的生活，毫不費力、自然而然動起來整理的身影，此時此刻彷彿躍然眼前。

DATA
居住於千葉縣
夫妻
公寓（員工宿舍）
兩房兩廳一餐

由於先生工作常有變動，K女士決定開始細心挑選生活用品。一心想「打造打掃和整理起來都很輕鬆的房間」，先生也很自然幫忙出一份心力。東西少，對於減輕打掃負擔的效果可不容小覷。

東西只需要留「放得下」的量就好

控管東西的量，和室也可以整齊俐落。棉麻聚酯收納箱用來收下身類、牛仔褲、居家服。

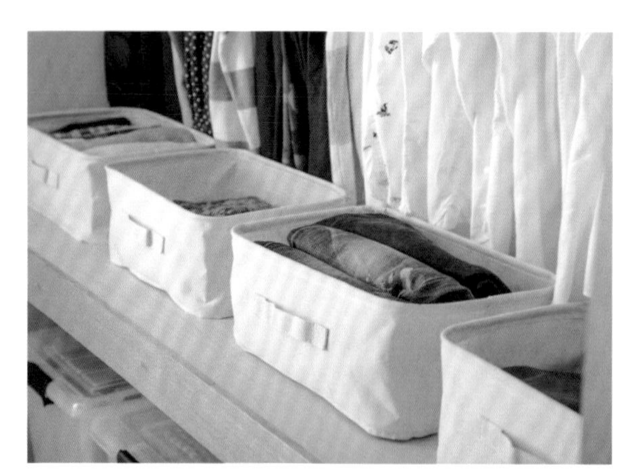

可以摺起來放的衣物
有「一箱的量」就夠了

牛仔褲和法蘭絨襯衫等可以摺的衣物就收在棉麻聚酯收納箱。告訴自己只要輪流換穿「箱子裡有的衣物」，就不會亂買多的衣服了。①

衛浴間狹窄也沒問題！
整理儀容的用品放在和室就好

就算衛浴間狹小也沒關係，打破刻板印象，找出東西最適合擺放的地方。②③④

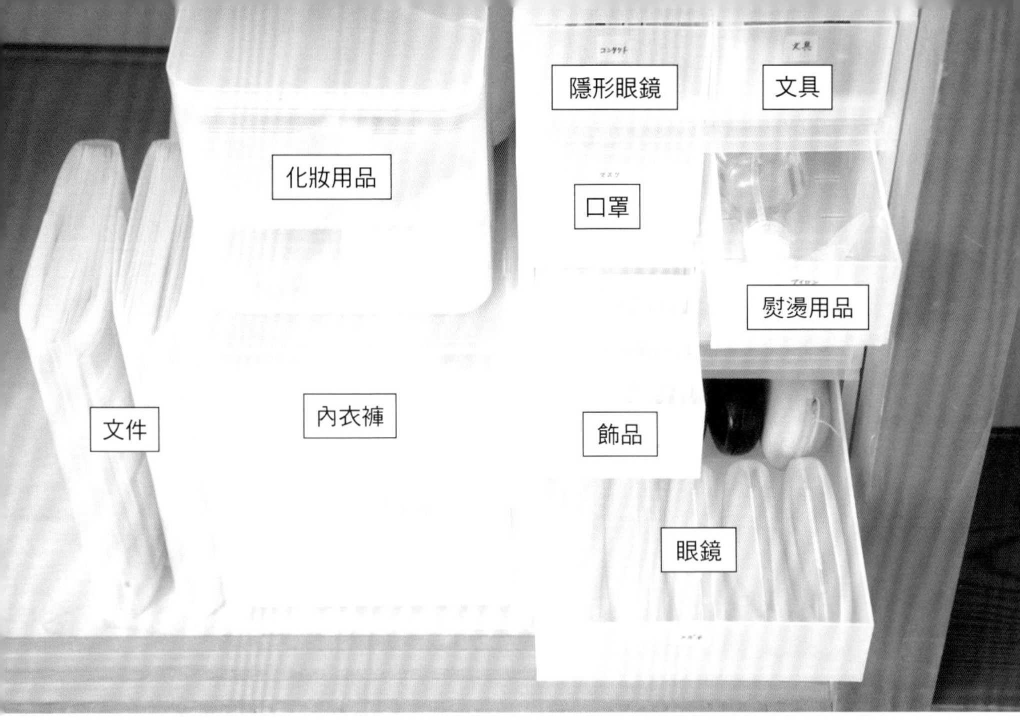

1格放1種東西
再也不必煩惱東西找不到

抽屜每一格都只放一種東西，並且將量控制在收得下的程度。貼上標籤，再也不必煩惱東西找不到。5 6

直接坐在地板上的和室裡
用「ㄇ字型家具」代替桌子

並排幾張「ㄇ字多功能家具／合板／橡木材」就可以代替電腦桌。桌面下方擺放檔案盒就形成收納空間，高度也剛剛好。4

Closet

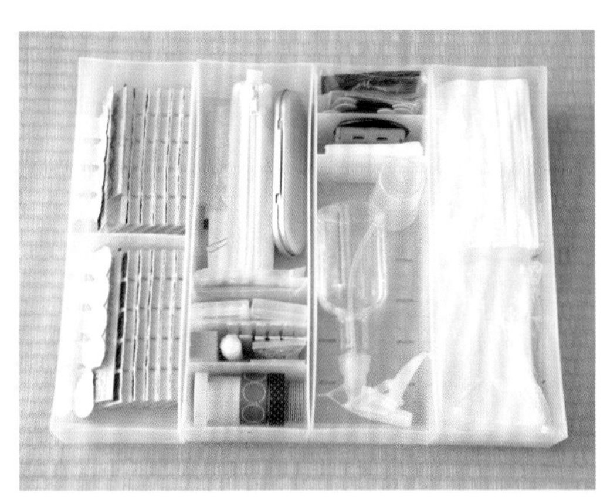

用隔板區隔開來
小東西井然有序

妥善調整抽屜附的隔板。配合收納的東西，分成2區塊和5區塊等不同方式，就不會浪費收納空間。

收納時留點空隙 拿東西時順手無比

東西之間留一點空隙
方便拿取也方便放回，自然不會弄亂。

Kitchen

泡茶器具用籃子裝好
準備起來不費事

放在看得見的地方，就會讓人想好好擺整齊來。⑦⑧

輕鬆吊掛式收納

常用的兩種布巾和常溫保存蔬菜收在置物架旁。站在廚具台轉身一看就能看到的位置最恰當。⑨

常用調味料放進籃子
要用的時候整籃拉出來

廚房裡很適合使用方便清理的不鏽鋼產品。網格設計通風良好，也可以用於潮濕的地方。⑦

平底鍋用檔案盒立起來放
一拿就出來

就算沒有廚房專用的置物架，也可以用檔案盒。這種方式在任何廚房都好用。⑩

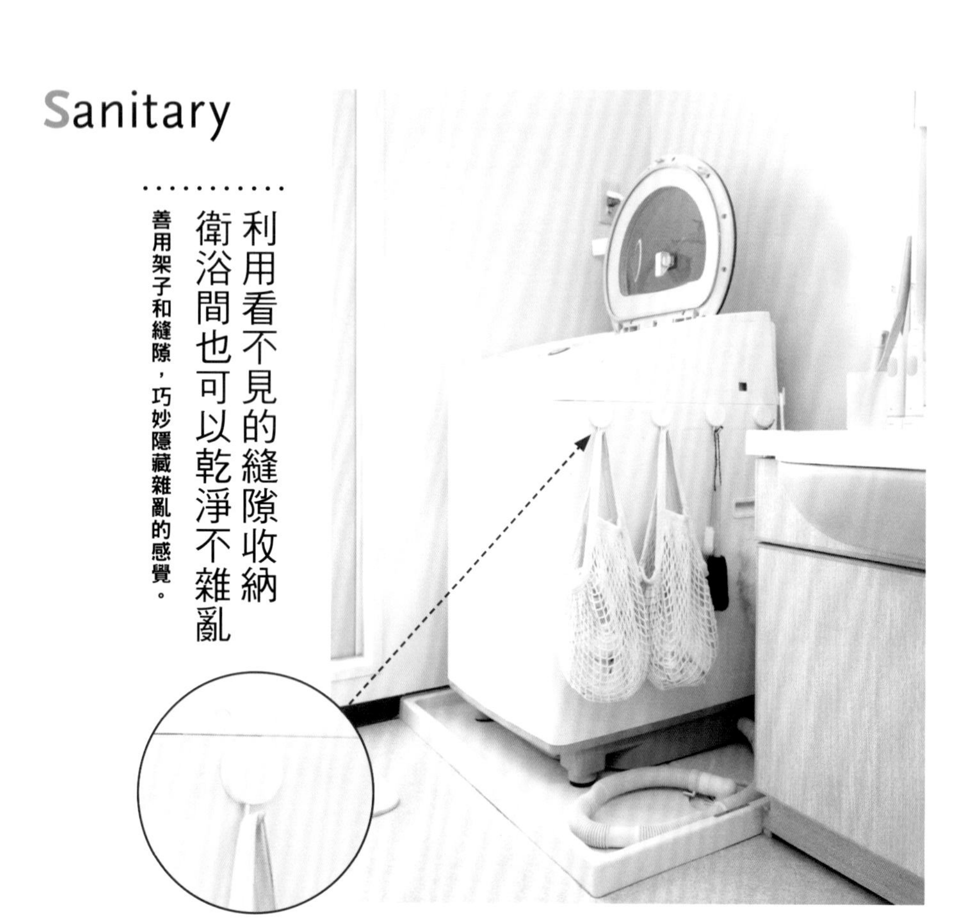

利用看不見的縫隙收納 衛浴間也可以乾淨不雜亂

善用架子和縫隙，巧妙隱藏雜亂的感覺。

打掃用具最好的收納方式就是掛著

這種東西很難找到哪裡好放，所以要善用空間死角。死角是打掃用具的最佳收納位置，意識到的時候就會想快快整理一下。⑪

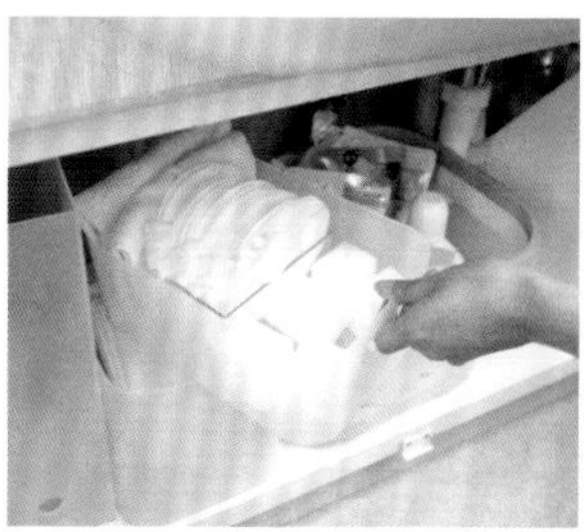

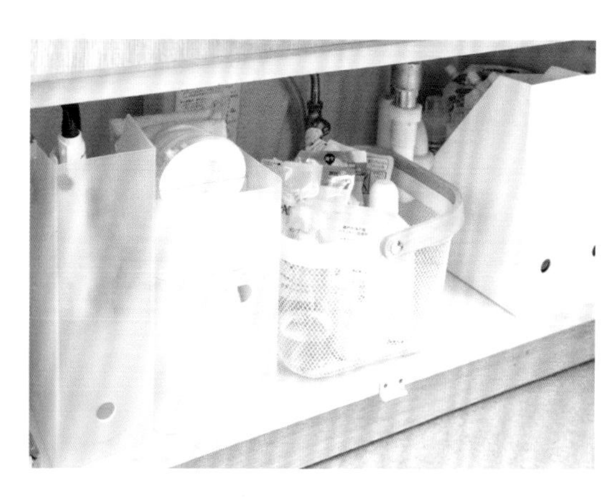

放入盒子裝起來
輕鬆拿取無負擔

善用架子的高度，離子夾收進立式檔案盒，平板拖把的拖把布放在下層的盒子裡，而上層則收放高科技海綿。⑫

K女士推薦的無印良品

①

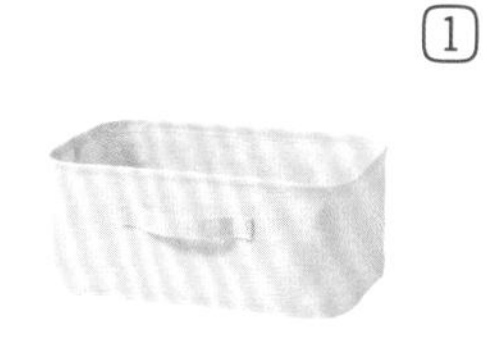

棉麻聚酯收納箱／長方形／小
約寬37×深26×高16cm
價格：1,000日圓

②

PP化妝盤兼化妝鏡
約150×220×20mm
價格：800日圓

③

PP化妝盒／附蓋／大
約150×220×103mm
價格：450日圓

④

ㄇ字多功能家具／合板／橡木材／寬70cm
寬70×深30×高35cm
價格：9,000日圓

⑤

PP盒／抽屜式／淺型
約寬26×深37×高12cm
價格：900日圓

⑥

PP盒／抽屜式／淺型／6格／附隔板
約寬26×深37×高32.5cm
價格：3,000日圓

⑦

18-8不鏽鋼收納籃4
約寬37×深26×高18cm
價格：2,600日圓

⑧

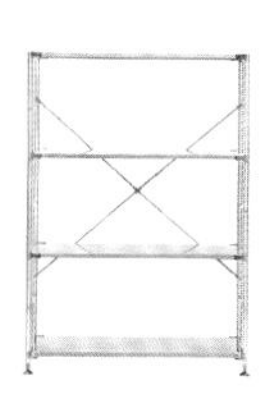

SUS鋼製層架組／寬／中
寬86×深41×高120cm
價格：24,000日圓

⑨

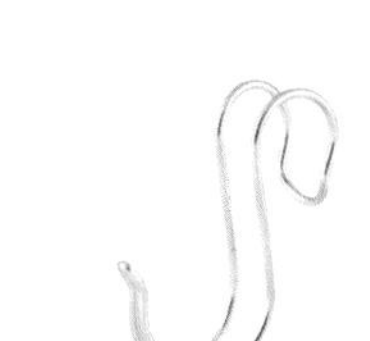

掛鉤／防橫搖型／大／2入
約直徑16×24mm
價格：350日圓

⑩

PP立式檔案盒／斜口／A4
約寬10×深27.6×高31.8cm
價格：700日圓

⑪

鋁製掛鉤／磁鐵式／大／2入
耐重：約500g
價格：400日圓

⑫

PP立式檔案盒／斜口／A4／白灰
約寬10×深27.6×高31.8cm
價格：700日圓

商品：①

收納達人隨生活應變的妙招。

量身訂做的收納用品
可以配合孩子的成長和家人的生活，打造出方便收拾的房間。

居住在無印良品之家的「三鷹之家大使」藤田一家，一開始是以體驗者身分住進這間屋子，試住之後決定買下這間房。藤田先生喜歡整理，夫人Amii女士則不拘小節。Amii女士說：「我原本不太擅長整理，但因為一開始先建立好收納方法，所以也慢慢學會收拾了。」

藤田家東西雖多，但他們建立的收納方式非常簡單明瞭，只要「東西用完放回原位」就好。廚房收納主要用層架，搭配各種尺寸合適的收納用品，事先決定好什麼東西大概放哪裡。家人共用空間客廳的收納則選用自由組合層架加上各種收納用品。他們說，無印良品的好處在於可以配合個人收拾東西的習慣自己做變化。

收拾方式也很注重孩子能不能自己做到。最理想的收納方式，是可以隨著家人成長和東西多寡應變。他們提到了之後的打算：「無印良品的商品可以透過添購跟重新組裝來調整，未來也想改裝家裡的一部份。」

DATA
居住於東京都
夫妻＋1名孩子
透天獨棟
2層樓建築

藤田一家2012年獲選「三鷹之家大使」，搬進了這間房子。內部家具和收納用品「放眼望去幾乎全是無印良品的商品。」是非常忠實的無印良品愛好者。他們有許多值得我們效仿的收納好點子。

Kitchen

輕鬆「分類管理」的收納方式
讓廚房再也不雜亂

只要配合層架把相同種類的東西擺在一起
收拾起來小菜一碟。

一個磁鐵就能創造立體收納空間

做菜時的工具掛在眼前，方便想用的時候能馬上拿下來。洗好之後也只需要掛回去就收拾完畢。④

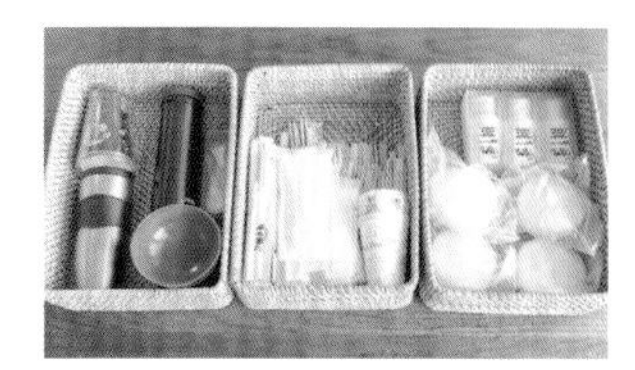

使用頻率低的輕巧小東西
收在上層不礙事

有些小東西真的很少用到，但要用的時候沒有又很傷腦筋，那就用籃子分類收納。因為重量輕，放在上層就OK了。②

垃圾桶藏進死角不顯眼

做菜時產生的垃圾能馬上丟掉簡直方便極了。連分類也做得一清二楚，完美無缺。③

食材擺在齊腰高度
方便拿取並縮短料理時間

如果做菜時轉身就能看到食材，可以縮短料理時間。亂糟糟的部分就用布蓋好，看起來也舒服。

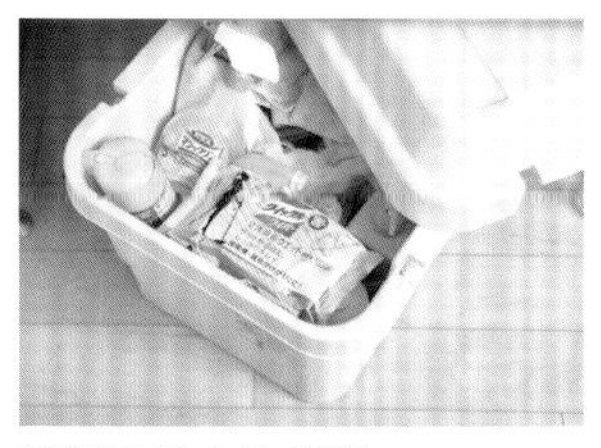

清潔用品大致分類
集中收進牢固的盒子

有些怕小孩拿到的清潔劑，只要確實蓋上蓋子收好就不必擔心。備用品大致做好分類收納。⑥

收納看「用途」
分門別類好，準備也輕鬆

1格1類，確實分類。用的都是同一個籃子，可以隨著東西使用的方式輕鬆改變配置。

比較重的調味料
放進托盤以便取用

調味料分裝進小瓶後，剩下的部分放在看得見的地方以便補充。用托盤裝也不怕醬汁滴下來。⑤

共用的收納空間將東西去蕪存菁也精簡拿取時的動作

讓收納看起來有品味的訣竅在於隱藏式的收納用品交錯放置。整理和裝潢都要重視錯落有致。⑦

4層抽屜最適合
用來整理小東西

放文件的抽屜中，可以設置一個專門放紅包袋和念珠等東西以備不時之需。⑧

1抽屜＝1物品
再也不用傷腦筋

化妝用品、相機用品、芬香用品各用一格抽屜。其他同類的東西也都放在同一格，整理起來好簡單。⑩

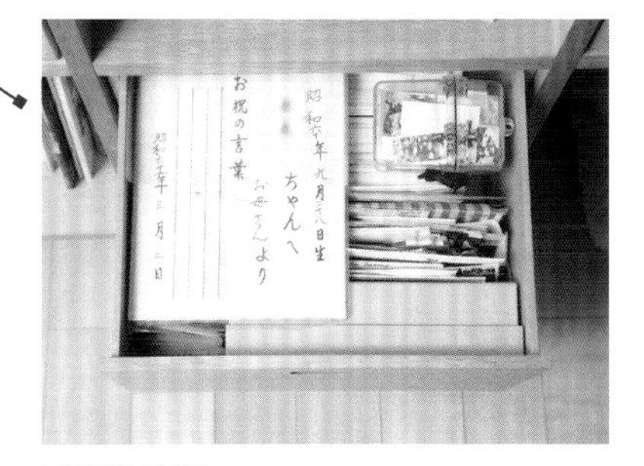

重要的東西
放在下層「充滿回憶」的角落保管

常待的地方附近就有充滿回憶的東西，想到的時候馬上可以拿出來懷念一下。⑨

Library

眼鏡等小東西
放在椅子旁容易拿取的位置

深型抽屜剛好適合拿來收針線盒和手拿包。這裡也是一抽屜一種類。

孩子的美術作品
「只留這裡收得下的量」！

孩子陸續創作的美術作品，要事先決定好收起來的量，從各項傑作中挑出最出類拔萃的作品留下來，妥善保管在一處 。

越堆越多的明信片和信件
分層擺放管理數量

信件很容易越堆越多，所以放進一眼就能看出積存多少以便管理的抽屜。空下一層抽屜，平常整理時也不會心浮氣躁。

Kid's Room

樓梯下方孩子的遊樂區必須時常量身改造

在一天有大半時間都會待的客廳裡要玩玩具時拿出來玩個過癮，玩完再一起收拾。

櫃子裡用不織布分隔袋區隔

孩子的襯衫、衛生衣等小衣服用不織布分隔袋分類收納，就算是大型抽屜櫃也可以整整齊齊。

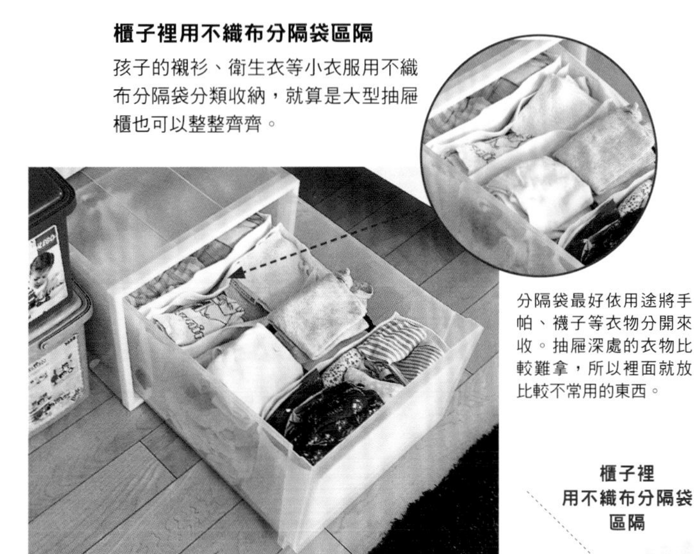

分隔袋最好依用途將手帕、襪子等衣物分開來收。抽屜深處的衣物比較難拿，所以裡面就放比較不常用的東西。

櫃子裡用不織布分隔袋區隔

上幼稚園時穿的衣服放在客廳的抽屜

衣服放在換衣服的地方是最省時間又合理的方法。早上上學前也不必趕來趕去。⑪⑫

藤田女士推薦的無印良品

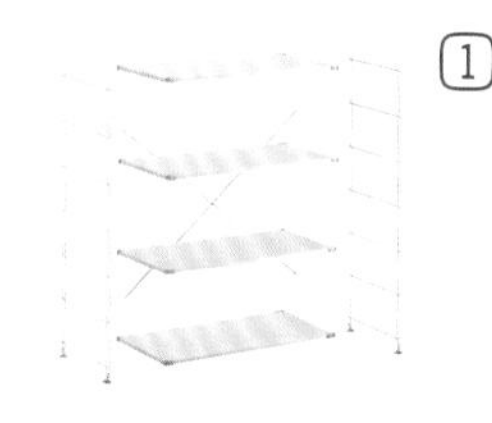

① **層架組**

※照片為層架組的各零件組合起來使用

② **可堆疊藤編長方形籃／小**

約寬36×深26×高12cm
價格：2,600日圓

③ **PP上蓋可選式垃圾桶／大／30L袋用／附框架**

約寬19×深41×高54cm
價格：1,600日圓
※上蓋另購

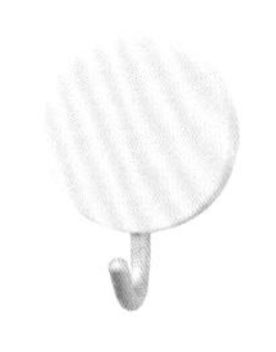

④ **鋁製掛鉤／磁鐵式／大／2入／7A**

耐重：約500g
價格：400日圓

⑤ **PP整理盒4**

約寬11.5×深34×高5cm
價格：180日圓

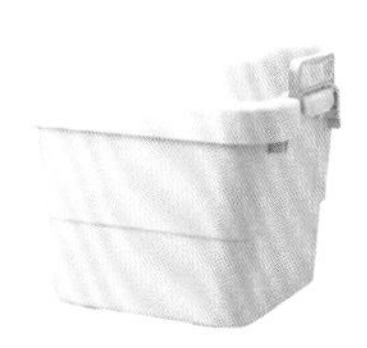

⑥ **耐壓收納箱／小／7A**

約寬40.5×深39×高37cm
價格：1,300日圓

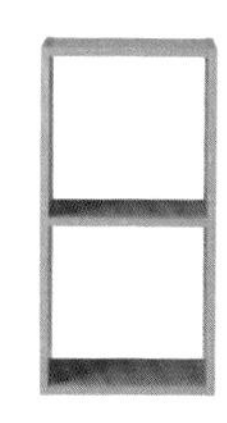

⑦ **自由組合層架／橡木／2層／基本組**

寬42×深28.5×高81.5cm
價格：12,000日圓
※照片中有加訂基本組、以及追加組合的部分。

⑧ **橡木組合收納櫃／抽屜／4段**

寬37×深28×高37cm
價格：8,000日圓

⑨ **橡木組合收納櫃／抽屜／2段**

寬37×深28×高37cm
價格：7,000日圓

⑩ **橡木組合收納櫃／抽屜／4個**

寬37×深28×高37cm
價格：8,000日圓

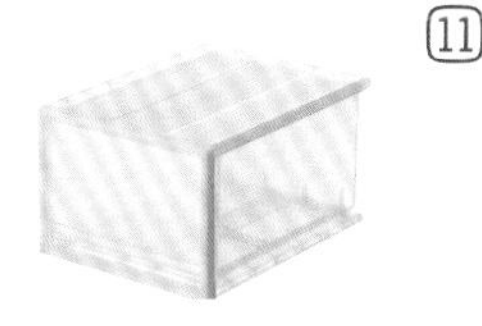

⑪ **PP收納盒／抽屜式／大**

約寬34×深44.5×高24cm
價格：1,200日圓

⑫ **可調整高度的不織布分隔袋／中／2入**

約寬15×深32.5×高21cm
價格：850日圓
※右頁為舊款商品

小房間也可以過得好機靈，創造縫隙收納空間。

妥善運用空間，公寓也可以變寬敞、功能性大增。處處可見賢慧母親的智慧和巧思。

以目前居住的格局來看，小林女士無法擁有自己的房間。這令她十分困擾，於是大膽決定把壁櫥變成自己的專屬空間。現在，設置在壁櫥裡有如小小秘密基地的角落，就是小林女士鍾愛的作業區。「我很喜歡做一些手工藝，所以裡面放著一些手工藝用品跟工作上的用具。」把壁櫥的中間層當桌子用，內側整齊收著自己喜愛的道具。

由於空間十分有限，所以能堆疊的小抽屜式收納用品就成了一大法寶。手工藝用品包含不少小東西，但只要仔細分類收進不同的抽屜，什麼東西在哪裡都一清二楚。小林女士說：「左邊是衣櫃，所以我出門前也都在這裡準備。」手錶和飾品等配戴在身上的東西，就放在容易拿取東西的抽屜下層。這些都是考慮到日常生活行動所進行的配置。

重視動線的用心，在客廳也看得到。「女兒喜歡畫畫，所以畫具用手提箱收納，也方便拿來拿去。」女兒大多都在客廳使用各種畫畫用具，考慮到家人的行動細心規畫收納方式，讓東西再多，也不會雜亂。

DATA
居住於千葉縣
夫妻＋2名女兒
公寓
三房兩廳一廚

小林女士育有兩女。她的房間不但井然有序，還處處可見喜愛的雜貨和道具。就算是空間十分有限的公寓，也可以聰明地活用收納，和喜歡的東西一起過生活。

徹底活用櫥櫃空間 讓櫥櫃變身成 功能性十足的作業空間！

深深的櫥櫃，區分成前後兩部分使用宛如多了一個房間般方便。

Closet

B

藍子＋壓克力隔板架
東西超好拿

即使是可堆成2層的籃子，多加個隔板架將上下分開的話可以減少一些拿東西時的麻煩。②③

A

重要文件立起來放，隨時看得見

想盡快處理和反覆使用的資料不要用檔案盒，而是用立式的收納架收在看得到的固定位置。①

D

喜歡的芬香產品
用托盤擺起來布置

芬香產品集中放在木製托盤上，要用的時候方便整盤端走。

E

飾品要徹底區分開來

用不易刮傷的盒子分類，防止飾品纏在一起或勾住。⑤

C

裁縫用品細分好
1格1類
提升做事順暢度

針線和鈕扣等小物件繁多的手工藝用品，使用小抽屜收納，整整齊齊。④

Kid's Room

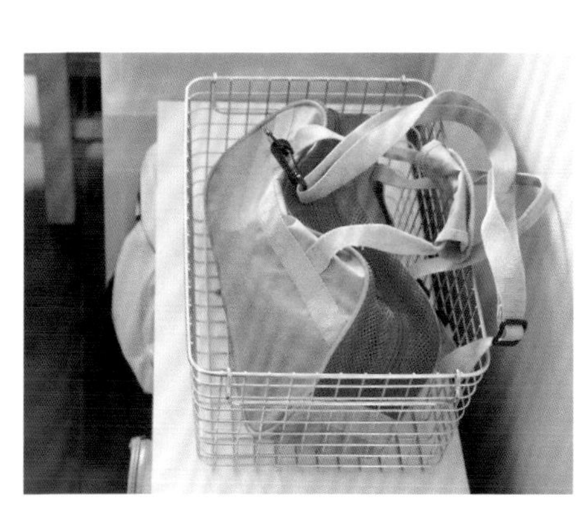

每天使用的包包
只要「隨手一放」就OK！

固定放包包的地方在一進門處。每天的例行公事就是把包包放進籃子。⑦

抽屜內仔細做好區隔
就不會雜亂

大小不同的文具用分隔板劃分區塊，就算抽屜裡放的東西改變，也可以輕易調整區隔方式。⑥

建立一套「方法」孩子就會自己整理

如果有一套容易收拾的方式和用具的話，孩子自己也可以做整理。

喜歡的文具
放在隨拿隨走的盒子裡

就算每天看心情換地方畫畫，畫具也可以整盒帶著走，不必擔心東西亂丟。⑧

綁頭髮的小東西
收進壓克力盒的話可以用很久

放在透明容器中方便挑選。使用漂亮的盒子裝的話，也會培養出珍惜物品的心。⑩

用檔案盒
代替收納架裝書

教科書立起來放在隨時都能準備的地方。一旁空位放的參考書因為有檔案盒可以靠，不會倒下來。⑨

Sanitary

配合使用頻率
架子每一層都收不同東西

洗完臉馬上要用的東西放在眼前的櫃子，要坐下來化妝時用的東西則放在腰部以下的抽屜裡。

儲備品

偶爾用到的東西

出門要用的東西

每天都會用的東西

低

使用頻率

高

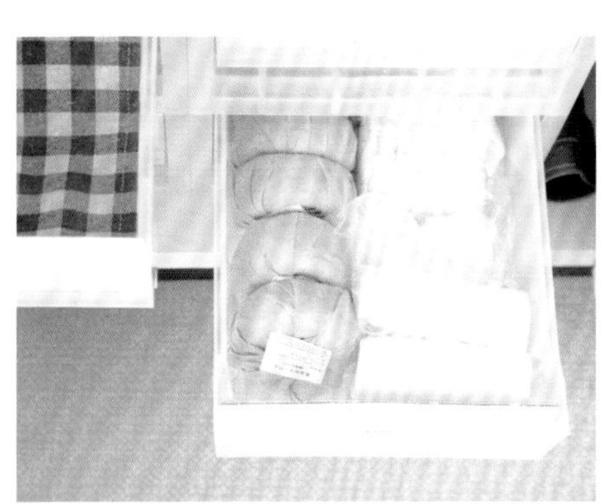

儲備品集中放在腰部以下的位置

儲備品平常不會拿出來，但沒了的時候很傷腦筋。這種東西收在抽屜，一打開就能確認還剩多少。⑫

想輕鬆拿出東西就用分類盒直放

化妝用品有很多東西都需要直放，這麼一來好拿又好放，心情也會變好。⑪

小林女士推薦的無印良品

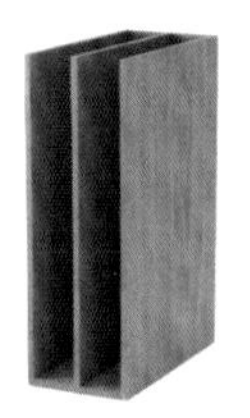

① **MDF收納架／A5**
約寬8.4×深17×高25.2cm
價格：1,500日圓

② **藤籃／提把**
約寬15×深22×高9cm
價格：1,500日圓

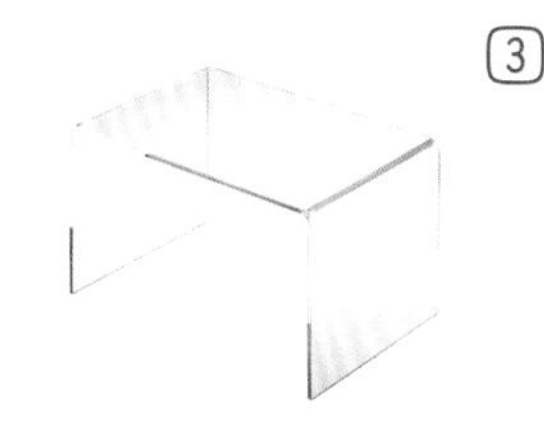

③ **壓克力隔板**
約寬26×深17.5×高16cm
價格：800日圓

④ **MDF小物收納盒／3層**
約寬8.4×深17×高25.2cm
價格：2,500日圓
※搭配MDF小物收納盒／6層使用

⑤ **壓克力盒用灰絨內盒／縱**
約寬15.5×深12×高2.5cm
價格：600日圓

⑥ **PP分隔板／大／4枚入**
約寬65.5×深0.2×高11cm
價格：800日圓

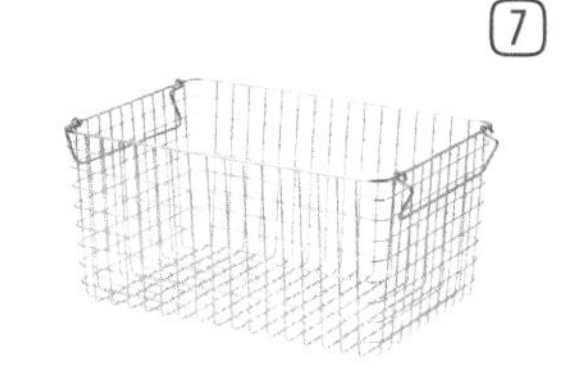

⑦ **18-8不鏽鋼收納籃4**
約寬37×深26×高18cm
價格：2,600日圓

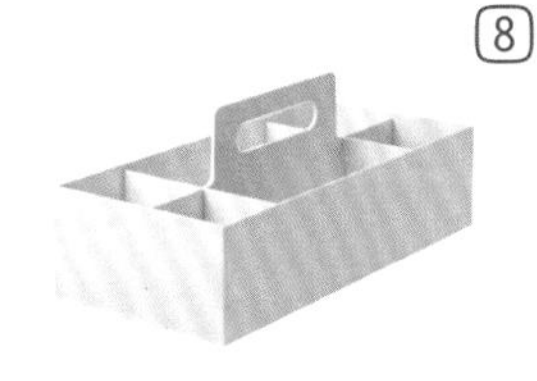

⑧ **PP手提收納盒／寬／白灰**
約寬15×深32×高8cm
價格：1,000日圓

⑨ **PP立式檔案盒／斜口／A4**
約寬10×深27.6×高31.8cm
價格：700日圓

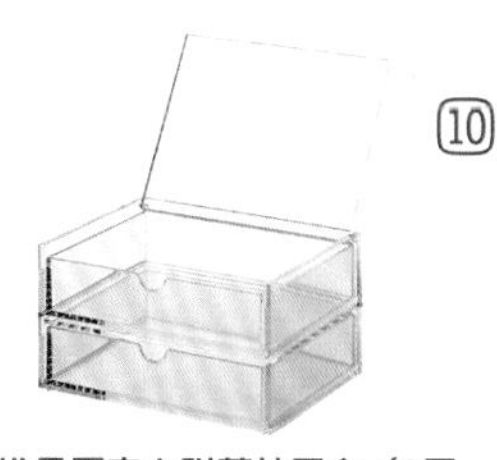

⑩ **可堆疊壓克力附蓋抽屜盒／2層**
約寬17.5×深13×高9.5cm
價格：2,000日圓

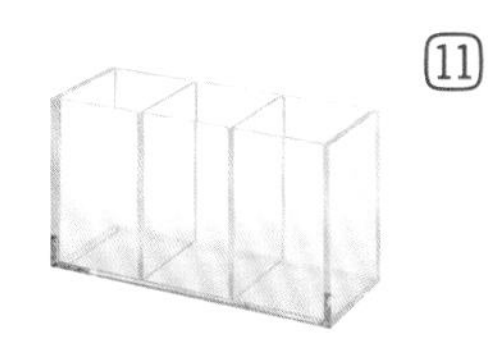

⑪ **可堆疊壓克力分類盒／窄／大**
約寬17.5×深6.5×高9.5cm
價格：800日圓

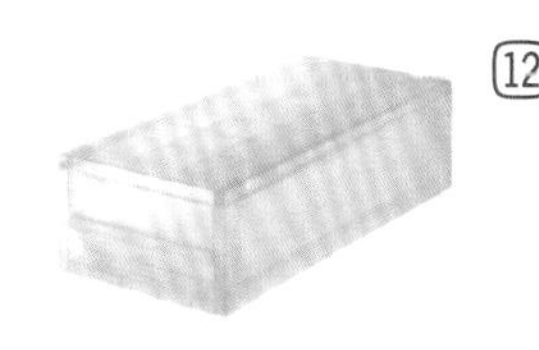

⑫ **PP追加用收納盒／淺型**
約寬18×深40×高11cm
價格：700日圓

雙薪家庭的房間規劃，再忙也只需花5分鐘整理。

平常大略收拾過，即使沒有訂太多規則，房間也會自然整整齊齊。

DATA

居住於神奈川縣
夫妻＋1名孩子
公寓
四房兩廳一餐
設計：
風格工房（スタイル工房）

安房夫婦都有工作，兒子正處於最愛玩的年紀。功能性十足的客廳，簡直就是為了簡化收拾步驟而打造的模範房間。共用的東西也能各隨兩夫婦的意輕鬆收拾。

安房女士說「我想要在客廳擺一個大書櫃。」而客廳一整面牆的組合置物櫃可以說實現了這個夢想。不僅如此，夫妻都有工作、家裡又有2歲男孩子的情況下，客廳竟然還能這麼整齊！

安房女士告訴我們：「因為我們兩夫妻工作都很忙，所以特別注重怎麼節省時間。」玩偶和包包等常用的東西收起來時直接放進棉麻聚酯收納箱，收拾玩具跟繪本時也只需要放回架上就好。再亂也能5分鐘內收拾完畢的原因，就是從鑰匙到玩具，所有東西都有它該放的地方。上班前和回家後容易弄亂的客廳有個布置重點，就是在會用到的區域附近設置放東西的地方。

廚房裡也有不費力就能整理得有條不紊的用心設計。餐具類洗好後放進木製置物盒，吃飯時直接整盒拿到餐桌上。這麼一來，準備和收拾都麻煩不到哪裡去。不過安房女士也說，他們為了節省平時整理的時間，小地方可是一點都不馬虎，比方說「需要冷凍的食品，會用無印良品的和紙膠帶寫好日期後貼上去。」

決定要先做好的事情、不做也沒關係的事情，就可以輕鬆愉快地整理房間。

文具就放在從餐桌一轉身就能取得的位置。①②

客廳的動線
是收拾容易與否的關鍵

不用下椅子，轉個身就完成上幼稚園的準備。
用籃子大致區分各種用品。

孩子的圍兜兜放在一回頭就能拿到的位置

人會待的地方就是放東西的固定位置。吃飯前要先替孩子做好準備，順手拿出圍兜兜並掛好、準備好毛巾，就可以開開心心吃飯了。③

出門前拿的鑰匙放在櫃子的中心

出門前和回家後會直接經過的地方，準備一個收納處暫時放置不能忘記的重要隨身物品。

文庫本可以剛好用隔板分成2層

收納玩具和包包、文件等各種東西的客廳組合櫃，也可以配合書籍尺寸來調整收納方式。⑤

包包立起來放在容易看見的下層

客廳是生活的中心，可以設置一個專用的位置來收平常使用的包包。④

玩具收在孩子自己拿得到的地方

布製的柔軟玩具放在孩子有辦法自己拿出來玩的地方。④

Kitchen

布類掛放在冰箱旁
做菜過程不間斷

布類用品放在飯廳看不到的位置，就算吊著也無礙觀瞻。這是非常實用的收納法。⑦

清潔劑另外裝瓶
放眼望去更清爽

貼著獨特磁磚的廚房裡，選用白色容器裝清潔劑，擺出來也不突兀，更能增加潔淨的印象。⑧

需要快速拿出來的工具
集中收在壓克力收納筒

東西買回來要冷凍時，需要貼上寫好日期的標籤，這些道具就放在廚房。護手霜也一起收在這裡。⑨

餐具放在可以直接取用的盒子裡

收餐具的置物盒隨時擺在廚房備著。洗好的餐具直接放進盒子，吃飯時整盒端到餐桌上。⑥

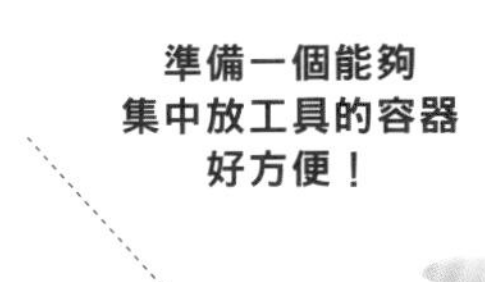

準備一個能夠
集中放工具的容器
好方便！

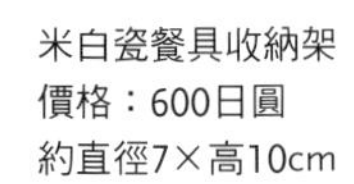

米白瓷餐具收納架
價格：600日圓
約直徑7×高10cm

木製置物盒
價格：1000日圓
約寬26×深10×高5cm

打造乾淨廚房的關鍵在於「建立方便收拾的方法」

時不時會用到的東西就放在檯面上待命。工具集中放進容器，保持做事的步調。

Closet

衣櫥劃分好每個人的使用區塊準備起來順順利利

一覽無遺的收納法，節省早上慌慌張張的換裝時間。

內側2列為孩子的衣服。手帕等全家共用的東西則調整放在容易拿取的外側櫥箱。⑩⑪

常用的手帕和衣服集中放在最上層

小東西放淺底抽屜方便拿取。位置設在衣櫥入口正前方，動線也十分順暢。⑫

可變動的隔板是衣物收納的萬能法寶

當孩子衣服的尺寸和種類變動，就需要改變原先劃分的區塊。使用隔板可以簡單做出調整。

安房女士推薦的無印良品

①

可堆疊藤編面紙盒
約寬27.5×深14.5×高8.8cm
價格：2,000日圓

②

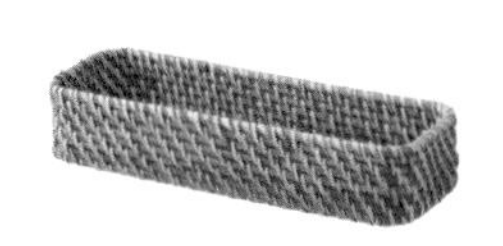

可堆疊藤編長方形盒／淺型
約寬26×深9×高6cm
價格：1,000日圓

③

橡木組合收納櫃／抽屜／2段
寬37×深28×高37cm
價格：7,000日圓

④

棉麻聚酯收納箱／長方形／大
約寬37×深26×高34cm
價格：1,400日圓

⑤

自由組合層架用／ㄇ字板
寬37.5×深28×高21.5cm
價格：3,500日圓

⑥

木製置物盒
約寬26×深10×高5cm
價格：1,000日圓

⑦

鋁製毛巾架／磁鐵式／約寬41cm
耐重1.5kg
價格：1,200日圓

⑧

PET慕斯瓶／白／400ml用
67.5×67.5×176mm
價格：400日圓

⑨

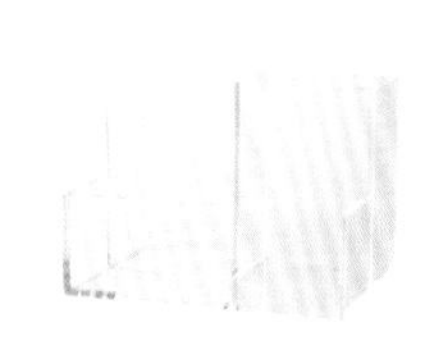

壓克力小物收納筒／大
約寬13×深8.8×高9.5cm
價格：1,000日圓

⑩

PP櫥箱／大
約寬44×深55×高24cm
價格：1,500日圓

⑪

PP衣裝盒／橫式／大／3層
約寬55×深44.5×高67.5cm
價格：4,500日圓

⑫

PP分隔板／大／4枚入
約寬65.5×深0.2×高11cm
價格：800日圓
※右頁為舊款商品

巧妙隱藏生活雜亂感，游刃有餘的整理技巧。

即使房間格局限制收納發展，也可以利用開放式收納一下子收拾完畢。

DATA
居住於埼玉縣
夫妻＋1名孩子
公寓
兩房兩廳一廚
設計：Room Clip
帳號：sachi
Room No. 248373

Ｓ女士北歐風的家中，每個房間都放置一個大型收納家具來集中收納。擺在外面的就只有植物和裝飾用的小東西。待在時時整潔清新的房裡，感覺身心都能獲得放鬆。

S女士住家的室內裝潢採北歐風，以白色為基本色調，襯托出觀賞植物的美感，簡直跟樣品屋一樣漂亮。不過她告訴我們一件令人意外的事情：維持房間乾淨整齊的秘訣在於「收拾的時候不要太拘泥小節。」

S女士偷偷跟我們說：「我們兩夫妻都有工作，還有一個女兒，如果真的要仔細整理抽屜的話反而會累死自己（笑）。所以大概大概就好，降低收拾東西的難度。」為了輕鬆維持房裡整潔，他們設置了很多「暫時放置處」來收那些一時之間不知道該放哪好的東西。會放在裡面的，都是沒辦法馬上收起來的東西、還沒決定放哪裡的東西、還有不知道該不該丟的東西。在客廳的櫃子、和室的抽屜等各處留一個暫時放置處，就不用再受到「每個房間都必須徹底收拾乾淨」的想法制約，只需要在靜下心時整理「暫時放置處」的東西就好，不會有什麼壓力。

「我們平常工作忙，所以東西全都留到假日才收拾。不過回家時看到房間乾乾淨淨的，會讓人覺得鬆了一口氣。」S女士的語氣聽起來十分心滿意足。

處處可見讓客廳看起來變寬敞的收拾好方法

以白色木紋為底，並充分發揮黑色和灰色的效果，就算東西多，房間看起來也會很整齊。

調整組裝收納盒，讓整體尺寸吻合收納空間。①②

Living Room

每天都會用到的文具
用壓克力小物收納架
營造文具店的感覺

檢查學校發的講義和改作業時會使用的
文具固定放在媽媽坐的地方。③

兼具收納與布置效果的壁掛家具

時間管理和確認當天溫溼度是上班前必做的功課。把這些器具放在桌子旁，既有布置效果又實用。④

用垃圾桶
來收納走廊上玩具的技巧

以前用來分類廚房垃圾的垃圾桶，現在挪作走廊的收納用品。不影響動線又好用。

每天用到的包包
自然掛在椅子旁邊
方便拿了就走

掛鉤可以自由裝設在恰到好處的位置和高度，裝上一個就可以大大提升收納效果。⑤

樂高依照顏色分開
孩子也會一起整理

孩子對顏色敏感，用這種方法收納的話可以增加收拾的趣味，也可以避免一些比較小的樂高弄不見。⑥⑦⑧

Japanese-style Room

喜歡的雜貨採開放式收納
光是看著都令人著迷

服貼包覆住籃子內側的布是自己親手製作。把箱子裡的東西改成一些能表現出個人品味的天然小東西。⑨

使用符合物品大小的容器
收納的地方
大致決定每一層放什麼就好

開放式層架搭配收納盒，就可以整理得乾乾淨淨。辦公用的箱子和抽屜可以拿來收納玩具。⑩⑪

整理好這邊就OK
「暫時放置處」用層架進行管理

大致決定好東西的固定位置，剩下的只需要丟進去就搞定。

Sanitary

衛浴間 統一用白色收納用品 視覺上也很清新

東西不夠收的話
就追加收納箱，
在小空間也能增加收納量。

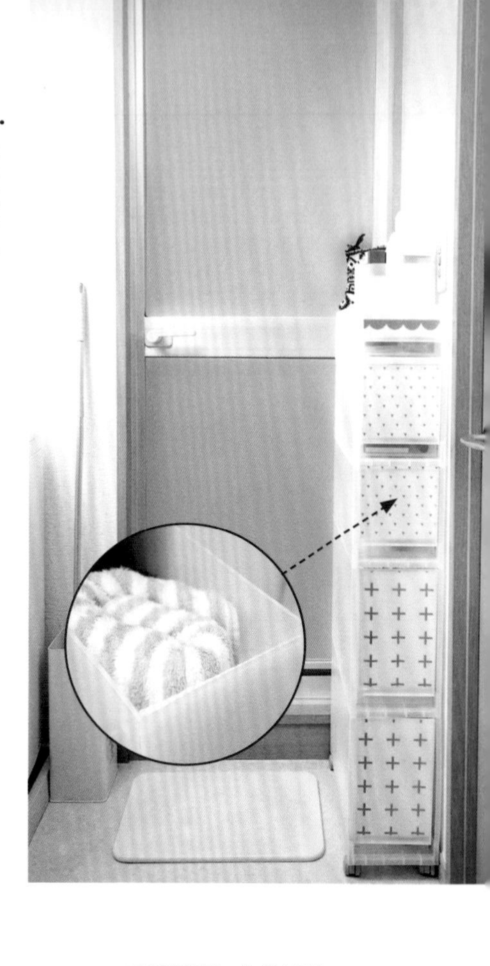

**較潮溼的空間
就是PP系列商品
大顯身手的舞台**

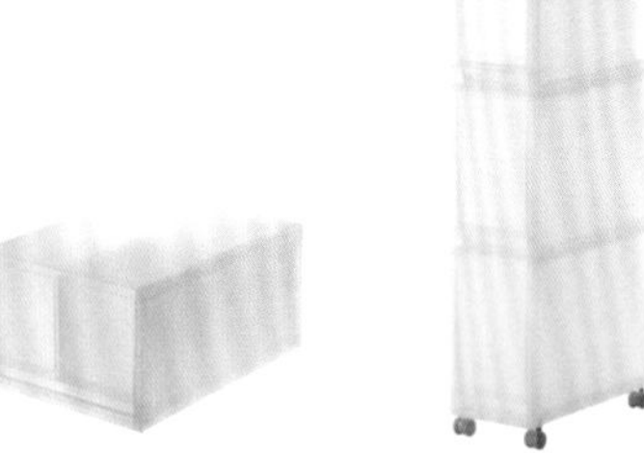

PP盒／抽屜式／
深型／2格／附隔板
約寬26×深37×
高17.5cm
價格：1,500日圓

PP附輪收納箱／1
約寬18×深40×高83cm
價格：3,200日圓
※照片為搭配「追加
用收納盒」使用。

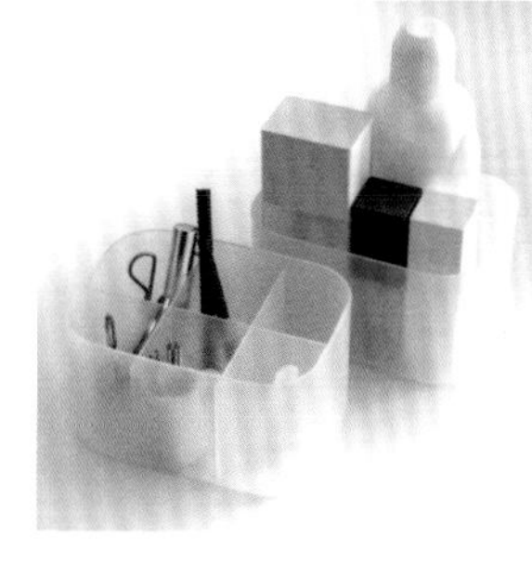

**化妝用品
用小盒分裝
立起來放
擺在好拿的位置**

化妝用的小東西用有隔板的收納盒直立式收納。要用的時候整盒拿到鏡子前。⑫

**盒子橫向並排
毛巾立著放更好拿**

盒子打橫。摺好的毛巾立起來放比橫著放更好拿。

S女士推薦的無印良品

①

PP小物收納盒／6層／A4
約寬11×深24.5×高32cm
價格：2,500日圓

②

PP小物收納盒／3層／A4
約寬11×深24.5×高32cm
價格：2,000日圓

③

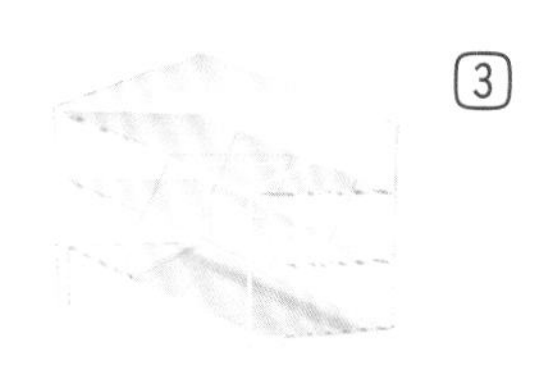

壓克力小物收納架／斜口／大
約寬17.5×深13×高14.3cm
價格：1,500日圓

④

壁掛家具／L型棚板／44cm／橡木
寬44×深12×高10cm
價格：2,500日圓

⑤

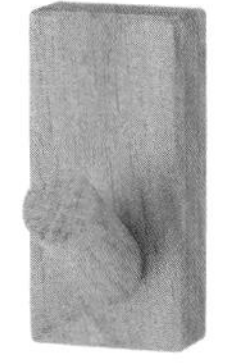

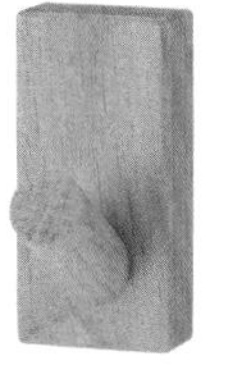

壁掛家具／掛鉤／橡木
寬4×深6×高8cm
價格：900日圓

⑥

SUS追加用側片／灰／小／高83cm用
價格：1,575日圓
※書中照片有搭配其他組件使用。

⑦

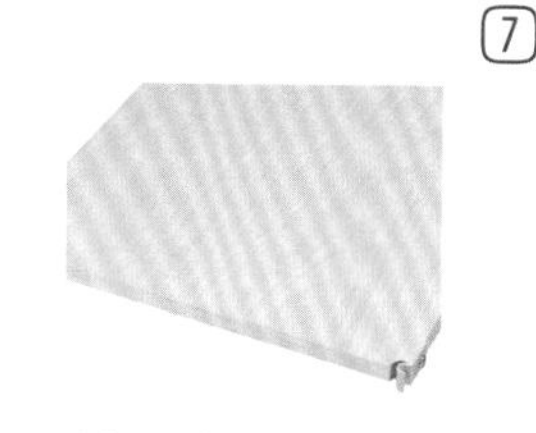

SUS追加棚／木製／灰／42深41cm型
價格：1,890日圓
※書中照片有搭配其他組件使用。

⑧

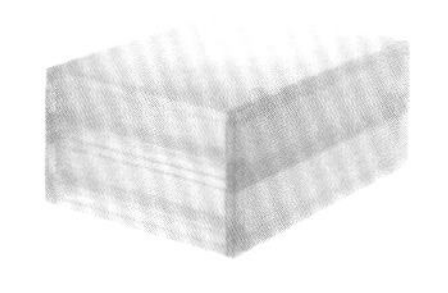

PP盒／抽屜式／薄型／2層
約寬26×深37×高16.5cm
價格：1,200日圓

⑨

可堆疊椰纖編長方形籃／中
約寬37×深26×高16cm
價格：1,200日圓

⑩

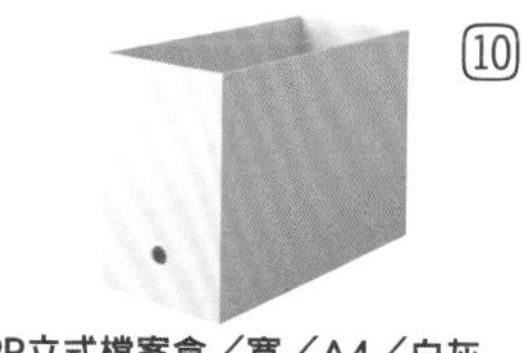

PP立式檔案盒／寬／A4／白灰
約寬15×深32×高24cm
價格：1,000日圓

⑪

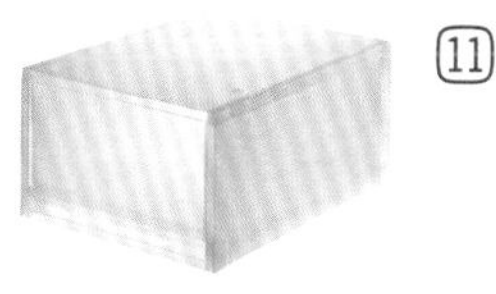

PP盒／抽屜式／深型
約寬26×深37×高17.5cm
價格：1,000日圓

⑫

PP化妝盒1/2橫型／附隔板
約150×110×86mm
價格：300日圓

早上時間不夠也不慌張，高效率衣櫃。

即使是常常匆匆忙忙的早晨也不必慌慌張張。一起來看看方便拿東西、縮短準備時間的收納小訣竅。

小宮家花了2年，才終於找到現在這間他們情有獨鍾的房子。他們家的座右銘是「媽媽不要太操勞」，並表示為了讓匆忙的早晨能夠順利做好出門前準備，建立一套收納方法是很重要的。寢室和兩個孩子的房裡都有一間衣櫥，出門前可以在自己的房間裡面打理。「睡衣和內衣褲等洗完澡後馬上就會穿到，所以全家人的都擺在衛浴間。」

所有房間的衣櫥都採相同收納方式，衣架吊著常穿的衣服和外套、下層抽屜放入摺好的衣服和襪子，上面的空間則擺放非當季衣物和包包。配合使用頻率以及準備的動線，所有東西都擺在方便拿取的位置。

小宮女士打開衣櫥讓我們參觀，並說：「因為早上沒什麼時間，像外套跟襯衫，前一天晚上先決定好隔天衣服要怎麼搭就可以省下不少麻煩。」她專用的衣櫥裡，已經事先將外套、襯衫、飾品三樣東西排得整整齊齊！這麼一來，就可以節省煩惱穿搭的時間。另外，也必須替換下來的衣服設置一個「暫時放置處」。

DATA	
居住於東京都 夫妻＋2名孩子 透天獨棟 四房兩廳一廚	小宮家裡兒子女兒各一位。許多小巧思讓全家人即使生活在一塊，東西也不會亂七八糟。比方在共用空間制定生活公約、每個人都好好收拾自己的東西、讓收納「可視化」等等。

Closet

「東西放哪裡」「哪裡有什麼」都能馬上知道的「可視化」收納要點

想要家人幫忙收拾，就是讓大家清楚東西的位置還有自己的東西自己好好保管。

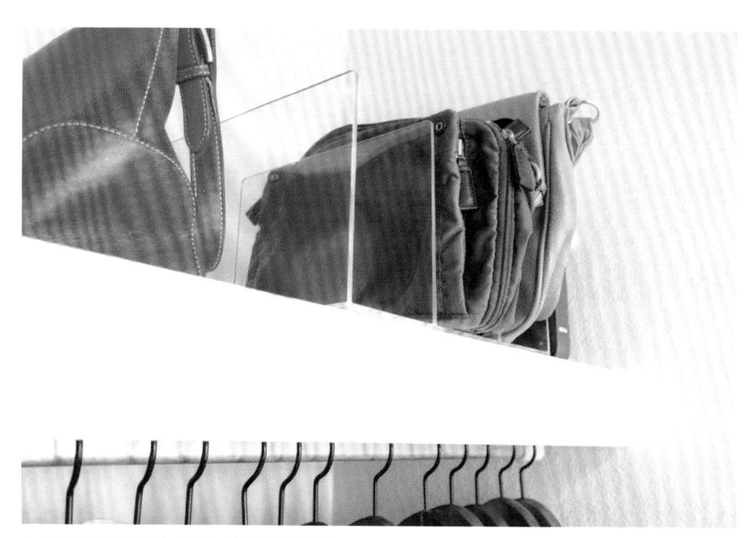

包包用間隔板立起來放避免變形

伸手就能拿到東西的高架上最適合放包包。用間隔板分開每個包包，方便拿取也方便收回。①

所有的衣服直放，可以從上方一覽無遺

摺好的衣服開口部分朝下，當季衣物擺在前面，方便挑選。②③

「脫下來的衣服」也用籃子裝好放固定位置

居家服很容易脫下來後就丟在床上和地上，如果有一個可以暫時放進去的籃子，就不容易丟得到處都是。⑤

非當季衣服收進棉麻聚酯收納箱
衣櫃換季時也很輕鬆

高處放布盒子，拿的時候比較安全。附把手的盒子也很方便拉出來。④

外套、上衣先搭配好掛起來
早上出門前就不必煩惱

衣櫃右前方部分的女裝上衣面向右邊整齊掛好，可以減少挑選衣服的麻煩。搭配的皮帶和飾品也一起掛起來。⑤

Closet

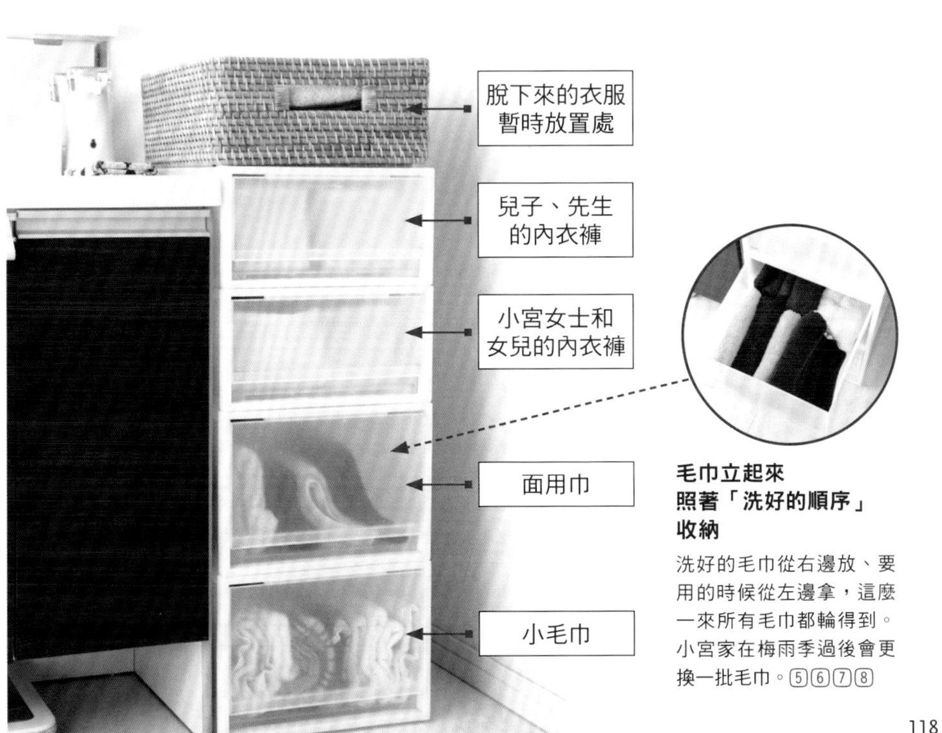

毛巾立起來
照著「洗好的順序」收納

洗好的毛巾從右邊放、要用的時候從左邊拿，這麼一來所有毛巾都輪得到。小宮家在梅雨季過後會更換一批毛巾。⑤⑥⑦⑧

依據使用頻率
衣櫥分區使用

衣架上掛每天會穿的衣服，下面放摺好的衣物。

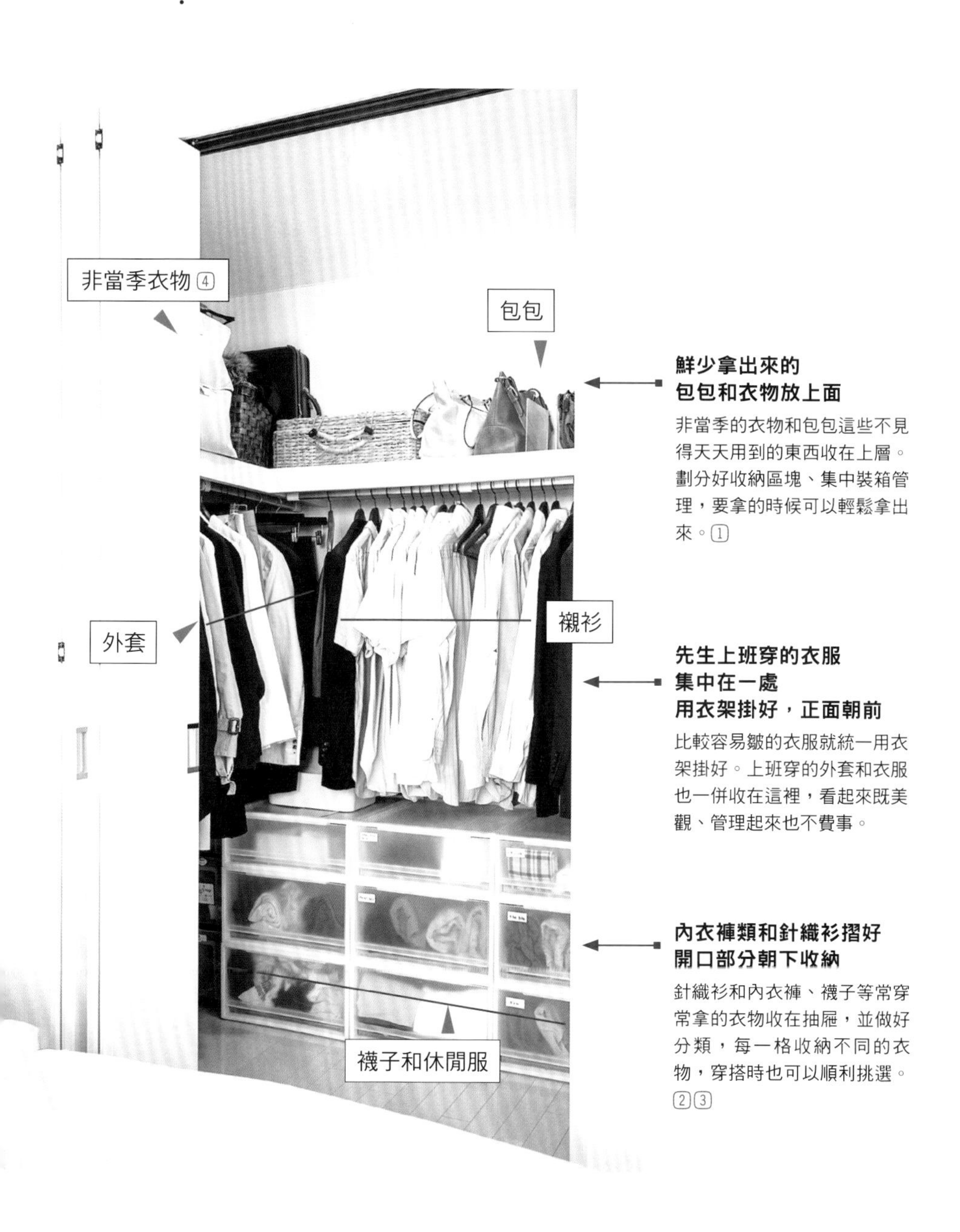

鮮少拿出來的
包包和衣物放上面

非當季的衣物和包包這些不見得天天用到的東西收在上層。劃分好收納區塊、集中裝箱管理，要拿的時候可以輕鬆拿出來。①

先生上班穿的衣服
集中在一處
用衣架掛好，正面朝前

比較容易皺的衣服就統一用衣架掛好。上班穿的外套和衣服也一併收在這裡，看起來既美觀、管理起來也不費事。

內衣褲類和針織衫摺好
開口部分朝下收納

針織衫和內衣褲、襪子等常穿常拿的衣物收在抽屜，並做好分類，每一格收納不同的衣物，穿搭時也可以順利挑選。②③

小宮女士推薦的無印良品

①

壓克力間隔板／3間隔
約268×210×160mm
價格：1,500日圓

②

PP衣裝盒／抽屜式／橫式／小
約寬55×深44.5×高18cm
價格：1,500日圓

③

PP衣裝盒／抽屜式／橫式／大
約寬55×深44.5×高24cm
價格：1,800日圓

④

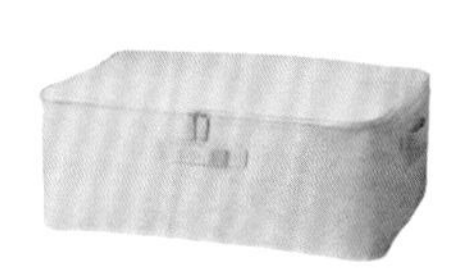

棉麻聚酯收納箱／附蓋／衣物箱／大
約寬59×深39×高23cm
價格：2,200日圓

⑤

可堆疊藤編方形籃／中
約寬35×深36×高16cm
價格：3,500日圓

⑥

可調整高度的不織布分隔袋／中／2枚入
約寬15×深32.5×高21cm
價格：850日圓
※118頁照片為舊款商品。

⑦

PP收納盒／抽屜式／大
約寬34×深44.5×高24cm
價格：1,200日圓

⑧

PP收納盒／抽屜式／小
約寬34×深44.5×高18cm
價格：1,000日圓

整理收納顧問親授

讓房間有條不紊的8個收納法則

整理時，如果東西都能如意收好，
家事做起來也會通行無阻。
這麼一來，就可以和家人一起度過悠閒時光，
心理壓力減輕、整理房間的心情油然而生。
大家常常會覺得整理很麻煩，
不過只要選對方法，也可以享受到布置的樂趣。
本章介紹的法則，能幫大家找到便於整理的收納方法，
任何房間、任何人都適用。
東西多也好、東西少也好，
能展現出個人風格的房間總是令人心情愉快呢。

Rule

1 從日常生活的行動，來決定東西收納的地方

不少家庭都會因房間格局關係，苦惱重要的地方沒有收納空間，就算有也不夠用。也有些家庭剛好相反，是明明收納空間充足，位置卻離得很遠不方便。

決定收納位置時，最重要的就是要考慮到人的行動。找出一打開門就能收東西的位置、可以用舒服的姿勢拿到東西的高度，規劃出收拾的流程。省下多餘的動作，收拾東西也會頓時輕鬆許多。

空間不夠寬敞的地方，可以在牆壁上裝設掛鉤和棚板，或用可以拿來拿去跟堆來堆去的容器來代替其他收納家具。

劃重點

客廳和飯廳是全家人常待在一塊的地方，如果有可以使用東西的空間、人待的地方附近有架子的話，就可以輕鬆收拾。

Rule

2 設置一個「先放再說」的VIP席

一旦浮現「還要用」「待會看」的想法，像學校發的講義、郵件，還有圖書館的書這些東西，常常放著不管人就離開，收起來又很容易忘記自己到底收到哪去。可是如果就這麼隨手亂放，房間就會變得亂七八糟。

就算是日後要丟掉的東西，也得幫它設置一個ＶＩＰ席。之後要再看的東西盡量放在容易注意到的地方，就會產生一種「想要整理它」的信號。為了達到這個效果，要選用外觀好看的收納用品，設置一個「先放再說」的位子。

劃重點

準備托盤、籃子來暫時放紙類跟要給人的東西，閒暇之餘就可以回過頭來檢查。

Rule
3
配合「生活模式」替收納新陳代謝

拿東西的方式一變，東西的數量和分類也要跟著改變。有些人為了因應這些變化，想要添購用習慣的收納用品、或是把舊的拿去用在其他地方，卻沒辦法如願以償，因而對整理感到挫折無比。不過，其實也沒必要大改造。最重要的，是收納時保留足夠的彈性，當碰到孩子長大和搬家這種生活上的變化時，就可以更新收納方式。

更換箱子收的東西、搬到其他房間換個用途、重新組裝組合櫃、追加新的層架等等，用熟悉的道具來面對這些變化，變動時也會輕鬆許多。

劃重點

公寓也好獨棟也好，不管住在哪種房子，選擇收納用品時要注重相互之間的大小是否容易配合、並具有發展彈性，才能因應生活模式改變，量身打造適合的收納型態。

Rule
4
一個收納用品裡只放1種東西

東西收進抽屜和箱子時要分類清楚，一個空間裡就只收1種東西，並配合物品的特徵做好區隔，就不會出現東西亂堆、混在一塊的狀況，方便拿取和收回。只是，再怎麼細心分類，家裡其他人還是可能會懶得整理，所以分類時適度就好。為了讓全家人都能共同負責收納空間，拿捏細分程度非常重要。

有些東西不僅分類花時間，準備起來也很費事。像「帶便當用具」和「出門用的東西」，也可以依據使用場合來規劃出獨立的收納空間。這樣就可以將每天的準備化繁為簡，順順利利搞定一切。

劃重點

東西統一收在籃子和箱子裡，便於整個拿到要用的地方。用完後也只需要放回去，就可以讓房間變得乾淨整齊。

Rule
5
分別使用「看得見」和「看不見」的收納技巧

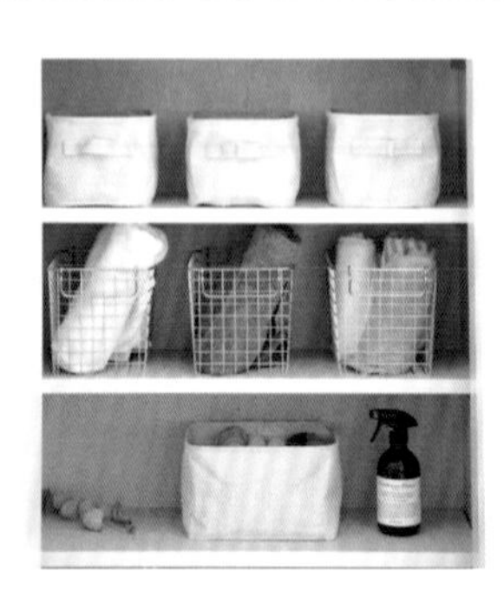

如果想要讓東西擺出來也好看，而不是全都藏進抽屜和門櫃，就要好好調整櫃子上「看得見」和「看不見」的比例平衡。開放式的櫃子雖然方便東西拿進拿出，能好好掌握東西的量和狀況，但容易看起來雜亂也是令人傷腦筋的問題。不過，只要在櫃子上加入收納用品就可以解決這個問題。

林林總總、顏色外型通通不一樣的小型生活用品就收在收納用品裡，並陳列自己喜歡的商品和道具來裝飾。東西好拿的地方放真的會用到的物品，其他會看到的地方就放裝飾品。擺設時要注意收拾效果與美觀並濟。

劃重點
好好思考抽屜和箱子要放什麼、要怎麼放，搭配大小合適的收納用品使用。

Rule
6
使用看起來乾淨美麗的道具

選擇家具和收納用品時要注重「機能美」，不僅考量到功能性，還能讓人獲得心靈上的滿足。凸顯內容物的透明收納用品、毫無裝飾的簡約層架，讓人不知不覺看得心醉神怡……。選擇這種道具，也會給自己一個想要保持房間清潔的動力。

另外，如果特別重視外觀的人，也推薦使用本身就有隔板的收納用品。收納的東西不容易弄亂，瞥到時也會給你一股有條不紊的俐落感覺。

劃重點
透明收納用品的優點除了外觀漂亮，還能一眼看出裡面擺什麼，取用時馬上就能拿出想要的東西。

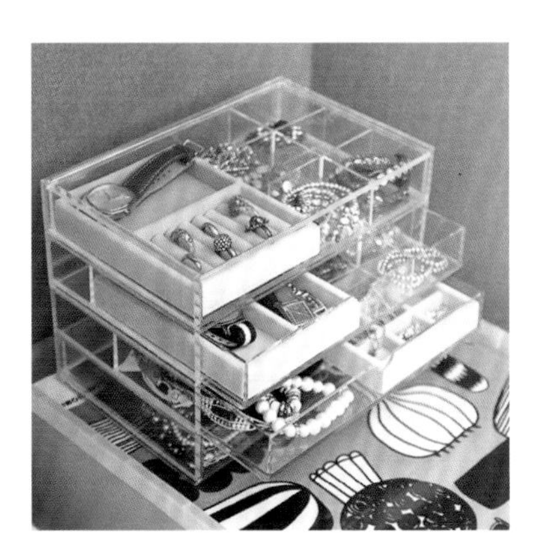

Rule

7 決定東西的「固定位置」就能簡單收納

東西用完後，只要掛回、擺回、收回固定位置就能輕鬆收納，對懶人可說是一大福音。

這種方法好處多多。由於一個動作就收拾完畢，大大降低了每天整理的難度。只要在生活動線上設置收納處，自然就能避免房間亂成一團。找不出一大段時間來整理房間的人、忙碌的人也很適合用這種方式。

此外，使用頻率高的東西如果能夠輕鬆收納，也可以大幅減少收拾東西的時間。

劃重點

尤其是每天拿進拿出的包包和衣服、鑰匙等出門必備物品，要放在好拿而且好收拾的地方。這麼一來就算早晨再匆忙、回家再疲累，都可以讓心情放鬆不少。

Rule

8 全家人一起整理

單憑一己之力要把家裡整理、打掃得乾乾淨淨可不容易。所以要建立一套讓全家人都自然而然動手整理的收納方式。妥善分擔收納責任，如貼上標籤讓大家知道東西要收到哪裡、每個架子分別給不同人自行整理。每個人收拾東西的方法、拿東西的方法都不一樣，所以想讓大家一起來收拾，祕訣就在於不要太拘泥小節。可以設置每個人專用的空間，尊重大家的做法，全家大小一起整理。搞不好你會發現你們家的人其實意外地「喜歡整理」喔。

劃重點

尊重每位家人的「喜好」和堅持。就像每個人對冷暖的感受不同，對於物品的堅持也各有不同。家庭和諧是最重要的。

後記

採訪結束後，我趕緊嘗試了一件事。

就是在洗衣機旁邊黏上磁鐵掛鉤來吊東西。
以前我都把這些東西掛在架子下面，
和現在這樣一比，其實樣子上沒有太大的差別，
不過卻少了過去那種令人煩悶的感覺。
這讓我再次體會到，小小的改變就能換來愉悅的心情。

我們身邊充滿了各種
收拾用的道具和想放在房裡布置的家具。

要從中挑選出最適合自己的東西實在不容易。
想必不少人也有過迷惘、失敗的經驗。

我想任誰都會對生活有所煩惱和憧憬。
本書中的受訪者也走過同樣的路，
才在無印良品裡找到可以一直相處下去的愛用物品。
我認為找出符合自己、符合家裡的風格，並惜物、愛物，
就能創造出舒適愜意的生活了。

希望這本書，
有幫助到各位讀者。
就跟我從諸位受訪者身上獲得了許多靈感一樣。

拙作仰賴各方大德協助方能成書。
欣然接受筆者訪問並分享心得的各位受訪者及其家人、
攝影師青木章先生以及大木慎太郎先生、
總是面帶笑容支持我的靜內二葉編輯、
藉此機會，聊表對各位替本書盡一份力的感謝。

須原浩子

PROFILE

須原浩子

1956年生。日本女子大學居住學碩士。Habita Quest株式會社董事長。整理收納顧問職業講師、一級建築士、室內設計師、花道草月流最高段指導老師。2003年參加東京電視台《電視冠軍》獲得收納女王的稱號，2005年開始在綜合生活情報網站All About定期刊載收納相關文章。參與NHK綜合頻道《ASAICHI》、富士電視台《TOKUDANE》等談話性電視與廣播節目。此外撰寫、監製的書籍繁多，也從事收納商品和公寓的設計監製。

TITLE

無印良品空間規劃哲學

STAFF

出版　瑞昇文化事業股份有限公司
作者　須原浩子
譯者　沈俊傑

總編輯　郭湘齡
責任編輯　陳亭安
文字編輯　徐承義　蔣詩綺
美術編輯　孫慧琪
排版　二次方數位設計
製版　昇昇興業股份有限公司
印刷　龍岡數位文化股份有限公司

法律顧問　經兆國際法律事務所　黃沛聲律師

戶名　瑞昇文化事業股份有限公司
劃撥帳號　19598343
地址　新北市中和區景平路464巷2弄1-4號
電話　(02)2945-3191
傳真　(02)2945-3190
網址　www.rising-books.com.tw
Mail　deepblue@rising-books.com.tw

本版日期　2019年4月
定價　350元

ORIGINAL JAPANESE EDITION STAFF

写真　青木章　大木慎太郎（fort）
ブックデザイン　縄田智子　若山美樹（L'espace）
協力　茂木宏美　山田やすよ
組版　片寄雄太（And-Fabfactory Co., Ltd.）　天龍社
印刷所　シナノ書籍印刷株式会社
協力　良品計画、RoomClip

國家圖書館出版品預行編目資料

無印良品空間規劃哲學：營造自家獨有的簡約生活風格 / 須原浩子作；沈俊傑譯. -- 初版. -- 新北市：瑞昇文化, 2018.11
128 面；14.8 X 21 公分
ISBN 978-986-401-277-0(平裝)
1.家庭佈置 2.空間設計 3.室內設計

422.5　107015999